식욕의 비밀

사람의집은 열린책들의 브랜드입니다.
시대의 가치는 변해도 사람의 가치는 변하지 않습니다.
사람의집은 우리가 집중해야 할 사람의 가치를 담습니다.

식욕의 비밀

동물에 관한 가장 궁금한 수수께끼 중 하나

데이비드 로벤하이머, 스티븐 J. 심프슨 지음   이한음 옮김

사람의집

재클린, 게이브리얼, 줄리언, 잰, 프레드에게
― 데이비드 로벤하이머

레슬리, 앨러스테어, 닉, 젠에게
― 스티븐 J. 심프슨

차례

머리말

스텔라는 남아프리카 공화국 케이프타운 외곽의 한 공동체에서 살았다. 그곳에서는 25명의 어른이 무려 40명의 아이를 키우고 있었다. 테이블산 자락에 자리한 평온한 곳이었다. 주위에는 포도밭, 소나무 조림지, 유칼립투스 숲, 그 지역 고유의 핀보스fynbos 식생이 넓게 펼쳐져 있고, 교외 주택 단지도 몇 군데 있었다.

캘리 존슨은 뉴욕시 출신의 젊은 인류학 대학원생이었다. 그녀의 박사 학위 논문 주제는 우간다 한 농촌 주민들의 영양 상태였다. 그들은 거의 오로지 자연에서 얻는 식량만으로 살았다. 그녀의 지도 교수들은 자연식품만 먹는 집단뿐 아니라, 당과 지방을 가공한 식품을 먹는 집단도 포함해 비교하면 더 흥미로운 논문이 나올 것이라고 조언했다. 그래서 캘리는 케이프타운으로 왔고, 그곳에서 스텔라를 만났다.

캘리는 자기 분야의 표준 연구 방법에 따라 온종일 사람들을 지켜보면서 그들이 어떤 음식을 얼마나 먹는지 꼼꼼하게 기록했다. 그런 뒤 각 음식을 조금씩 연구실로 가져와 영양 성분을 분석하고, 식단의 영양가를 하루 단위로 꼼꼼하게 기록했다. 그렇긴 해도 이 연구는 한 가지 측면에서 급진적 접근법을 취했다. 연구진은 몇몇 사람을 골라 하루 동안 개별적으로 추적하는 대신, 오직 한 사람의 식단을 30일 동안 계속 조사하기로 결정했다. 그래서 캘리는 스텔라와 그녀의 식습관을 자세히 알게 되었다.

그녀는 흥미로운 점을 알아차렸다. 스텔라의 식단은 놀라울 정도로 다양했다. 30일 동안 거의 90가지에 달하는 음식을 먹었고, 매일 자연식품과 가공식품을 다양하게 조합해서 먹었다. 이는 스텔라가 식성이 까다롭지 않으며, 어떤 음식을 좋아하든 그다지 가리지 않고 먹는다는 것을 시사했다. 영양학 연구실에서 나온 분석 결과도 같은 이야기를 들려주는 듯했다. 스텔라의 식단에서 지방 대 탄수화물의 비율이 날마다 크게 달랐다. 그녀가 먹는 음식이 매일 같이 크게 달랐으니 충분히 예상할 수 있었다.

그러다가 캘리는 전혀 예상하지 못한 점을 알아차렸다. 스텔라가 섭취한 탄수화물과 지방의 열량을 더한 값과 단백질 섭취량을 한 그래프에 하루 단위로 표시하자, 양쪽이 밀접한 관계가 있다는 사실이 드러났다. 이는 스텔라가 매일 무엇을 먹든 간에, 한 달 내내 단백질 대 지방과 탄수화물의 비 — 식단 균형의 아주 중요한 척도 — 가 절대적으로 일정하게 유지되었다는 의미였다. 게다가 스텔라가 매일 섭취한 그 비율 — 단백질 1 대 지방과 탄수화물 5 — 은 몸집이 스텔라만 한 건강한 여성에게 영양학적으로 균형 잡힌 음식 섭취라고 입증된 바로 그 조합이었다. 즉 스텔라는 아무렇게나 먹은 것이 결코 아니었다. 자신에게 가장 좋은 식단이 무엇이고 그런 식단을 어떻게 구성할 수 있는지 알고서 정확히, 세심하게 식사를 한 것이었다.

그런데 스텔라는 어떻게 매일 같이 그렇게 정확한 식단을 구성했을까? 캘리는 다양한 식품을 조합해 균형 잡힌 식단을 짜는 일이 복잡하다는 사실을 잘 알고 있었다. 전문 영양사조차 그렇게 관리하려면 컴퓨터 프로그램을 써야 할 정도다. 이렇게 의심하는 것을 용서하기를……. 혹시 그녀가 영양 전문가인데 숨기고 있는 것은 아닐까? 스텔라가 개코원숭이이긴 하지만 말이다.

우리 인간이 적절한 식사를 하려면 받아야 할 것 같은 온갖 식사 조언을 생각해 보라. 골치가 아파진다(그런 조언들이 우리 대다수에게 아주 유용해, 어느 것을 골라야 할지 헷갈려서 그런 것은 아니다).

한편 우리의 야생 사촌인 개코원숭이는 그 모든 것을 본능적으로 파악한다. 어떻게 그럴 수 있는 것일까?

이 질문을 탐사하기 전에, 더욱 기이한 이야기를 한 편 소개한다. 이야기는 시드니 대학교의 연구원 오드리 더서투어에게서 시작된다. 어느 날 오드리는 실험하기 위해 수술칼을 들고 점균(변형균)의 끈적거리는 덩어리를 작게 자르기 시작했다.

실험대 옆에는 배양 접시 수백 개가 산뜻하게 줄지어 쌓여 있었다.

오드리는 잘라 낸 찐득거리는 노란 조각을 하나씩 집어 조심스럽게 배양 접시 한가운데에 쌓아 올린 뒤, 뚜껑을 닫았다. 각 접시에는 단백질이나 탄수화물이 조금씩 들어 있거나, 단백질과 탄수화물의 비율을 11단계로 다르게 해서 만든 물컹거리는 영양 배지를 바퀴 모양으로 배열해 넣은 접시도 있었다. 오드리는 모든 접시에 점균 조각을 넣은 뒤, 커다란 마분지 상자에 집어넣고 밤새 놔두었다.

다음 날 그녀는 상자를 열어 접시들을 다시 실험대에 죽 늘어놓았다. 접시들을 자세히 살펴보던 그녀는 깜짝 놀랐다. 찐득거리던 조각이 하룻밤 사이에 달라져 있었다. 먹이가 두 덩이 — 단백질 한 덩이와 탄수화물 한 덩이 — 들어 있는 접시에서는 점균이 양쪽 영양소를 향해 뻗어 나갔다. 양쪽에 놓인 영양소를 잡아당겨 섞을 수 있을 만큼만 뻗어 나갔다. 섞인 혼합물에는 단백질과 탄수화물이 정확히 2대 1의 비율로 들어 있었다. 더욱 놀라운 점은, 11가지 먹이 조각이 들어 있는 접시에 넣은 점균이 단백질과 탄수화물이 정확히 2대 1의 비율로 섞인 먹이 덩어리로만 뻗어 나갔고, 나머지 먹이는 무시했다는 사실이다.

단백질과 탄수화물이 2대 1로 섞인 먹이가 왜 그렇게 특별할까? 답은 오드리가 점균 조각을 단백질과 탄수화물을 다양하게 조합한 먹이가 든 접시에 넣었을 때 나왔다. 다음 날 보니 어떤 점균은 위축된 상태로 남아 있는 반면, 엄청나게 자라서 접시 전체로 노란 가닥들을 얼기설기 그물처럼 펼친 채 고동치는 것처럼 보이는 것도 있었다. 오드리가 점균의 성장 지도를 그리자, 마치 산의 윤곽 그림처럼 보였다. 점균은 단백질과 탄수화물이 2대 1로 섞인 먹이 위에 똬리를 틀었다. 그 산꼭대기에서부터 사방으로 뻗어 나가면서 증식이 이루어지고 있었다. 단백질 대 탄수화물의 비가 더 높거나 낮으면, 점균은 덜 증식했다. 다시 말해, 먹이를 고를 기회를 주면, 점균은 가장 건강하게 발달하는 데 필요한 비율로 영양소가 혼합되어 있는 먹이를 정확히 골라냈다.

이 놀라운 영양학적 지혜를 보여 준 노란 점균은 학명이 황색망사점균이다. 라틴어 학명은 머리가 많은 점균이라는 뜻이다. B급 SF 영화 「물방울The Blob」의 현실판이라고 할 수 있다. 이 종은 눈에 잘 띄지 않지만, 다른 점균류(노랑격벽검뎅이먼지버섯 같은 별난 이름을 지닌 것도 있다)와 균류처럼 전 세계 숲 바닥의 낙엽, 통나무, 흙 사이에서 은밀하게 살아간다. 세포핵을 수백만 개 지닌 단세포 생물로서, 잘게 조각나면 스스로 재생할 수 있고, 커다란 아메바처럼 기어가면서 팡이실을 뻗어 복잡하게 얽혀 있는 그물 구조를 만든다. 이 그물은 고동치면서 전체로 영양소를 보낸다. 그냥 팡이실을 만들어 뻗어서 먹고 싶은 것이 있으면 무엇이든 뒤덮는다. 좀 으스스한 기분이 들지만, 매우 흥미로운 생물이다.

이제 개코원숭이 스텔라가 영양학적으로 현명한 결정을 내릴 수 있다고 받아들일 준비가 조금 되지 않았는가? 그런데 뇌나 중추 신경계는커녕 기관도 팔다리도 없는 단세포 생물이 어떻게 그처럼 정교하게 먹이 선택을 할 수 있고, 찾아 먹는 행동을 할 수 있을까?

이 점도 수수께끼다. 따라서 전문가에게 묻기로 하자.

존 타일러보너 교수는 티크 목재로 된 실험대 위에서 나직하게 쉿쉿거리는 분젠 버너의 파란 불꽃으로 막 끓인 김이 나는 커피가 담긴 비커를 스티븐에게 건넸다. 스티븐은 존의 교수실에서 이 존경받는 점균 생물학의 대가와 오드리의 실험 결과를 논의하고 있었다. 그 교수실은 1947년 존이 프린스턴 대학교의 생태 진화 생물학과에 부임한 이래 한 번도 개보수를 한 적이 없었기에, 타임캡슐이나 다름없었다. 존은 점균 연구 분야를 개척했으며, 그의 연구는 새 떼와 물고기 떼, 인간 군중, 다국적 기업 같은 분산된 집단 내 복잡한 의사 결정을 연구하는 분야의 토대를 이루었다.

존은 점균 덩어리 각 부위가 국지적 영양 환경을 감지해, 그에 따라 반응한다고 설명했다. 그 결과, 덩어리 전체가 마치 하나의 지각을 지닌 존재처럼 행동하게 된다는 것이다. 최적의 먹이 자원 — 바람직한 건강 상태를 이루게 해줄 균형 잡힌 식단 — 을 추구하고 그 목표에 도움이 안 되는 먹이를 거부하면서 말이다.

독자는 우리가 떠올릴 수 있는 다른 지각 있는 존재들보다 점균이 목표를 더 잘 수행한다는 데 동의할지도 모르겠다. 그

14

리고 이쯤이면 독자도 깨달았겠지만, 점균은 우리가 다루는 주제와 모든 면에서 관련이 있다.

곤충학자인 우리가 인간의 식단, 영양, 건강이라는 이미 많은 전문가가 다루어 온 주제를 다룬 책을 쓴 이유가 무엇이냐고? (장난하기 위해서가 결코 아니다) 처음 책을 쓰고자 할 때는 그런 의도가 전혀 없었다. 과학자로서 사는 내내, 특히 32년 동안 지속하고 있는 공동 연구를 시작한 뒤로 처음 20년 동안, 우리는 자연의 가장 영구한 수수께끼 중 하나를 풀기 위해 곤충을 연구했다. 바로 이 질문이다. 생물은 무엇을 먹어야 할지 어떻게 아는 것일까?

이 질문에 답하고자 애쓰다 보니, 우리는 아주 중요한 — 그리고 어쩌면 유용하기까지 한 — 무언가를 알게 되었다. 생명 자체에 관한 사항이다. 단지 곤충에게만 적용되는 것이 아니다. 하지만 너무 앞서 나가지는 말자. 차근차근 이야기를 풀어 나가 보자.

1장
메뚜기의 한 철

때는 1991년, 우리는 옥스퍼드 대학교 자연사 박물관에 있는 스티븐의 연구실에서 컴퓨터 앞에 앉아 있다. 이 박물관은 1860년에 다윈의 진화를 둘러싸고 토머스 헨리 헉슬리와 옥스퍼드 주교 새뮤얼 윌버포스 사이에 〈대논쟁〉이 벌어진 곳이기도 하다. 그 전설적인 만남은 윌버포스가 다윈의 〈불도그〉라고 알려진 헉슬리에게 던졌다는 질문을 둘러싸고 주고받았다는 격렬한 언쟁으로 가장 잘 알려져 있다. 헉슬리의 조부모 중 어느 쪽이 원숭이 후손이냐는 질문이었다. 헉슬리는 자신의 조상이 원숭이라고 해도 개의치 않겠지만, 자신의 탁월한 재능을 진리를 가리는 데 쓰는 사람이 친척이라면 수치스러울 것이라고 대꾸했다.

우리는 계속해 오던 식단 실험 중 가장 큰 규모의 실험을 막 끝낸 참이었다. 이번에는 메뚜기가 대상이었다. 뒤에서 설명하겠지만, 우리 연구에 이상적인 특수한 종류의 메뚜기였다.

그날 실험을 끝내기 전까지 우리는 영양학에 관한 새로운 접근법, 다윈의 이론에 깊이 의존하는 접근법의 씨앗이 뿌려질 것이라고는 거의 짐작도 못 했다.

우리는 두 가지 의문의 답을 찾고자 했다. 첫째, 동물은 자신에게 가장 좋은 것이 무엇인지를 토대로 무엇을 먹을지 결정하는 것일까? 둘째, 어떤 이유로 결정한 대로 먹지 못하고 다른 것을 먹는다면, 어떤 일이 일어날까?

독자는 이 답들이 조금 중요할 수도 있다는 생각이 들 것이다.

우리는 메뚜기 같은 초식 곤충이 먹는 두 주된 영양소인 단백질과 탄수화물의 비율을 달리해 25가지 먹이를 꼼꼼하게 준비했다. 고단백/저탄(고기에 더 가까운)부터 고탄/저단백(쌀에 더 가까운)에 이르기까지 다양하게 준비했다.

먹이는 성분 조성이 제각기 다르지만, 겉보기에는 거의 똑같았다. 물을 첨가하기 전 케이크 가루와 조금 비슷한, 건조한 알갱이 형태였다. 곤충이 좋아할 듯했다.

우리는 메뚜기에게 그 혼합물을 주었고, 메뚜기는 원하는 만큼 먹을 수 있었지만, 허물을 벗고 성체가 될 때까지 각 개체에 먹이를 한 종류만 주었다. 성체가 되는 데 걸린 시간은 먹이의 종류에 따라 9일에서 3주까지 차이가 났다. 25가지 먹이를 준비하고, 매일 2백 마리에게 각각 먹이고, 얼마나 먹었는지 재야 했으니, 여간 고역스러운 일이 아니었다.

이 실험을 하는 동안 우리는 비좁고 습한 연구실 온도를 32도로 맞추었는데, 동물학과의 지하층 깊은 곳에 영원히 틀

어박혀 있는 듯한 기분이었다. 사막에 사는 메뚜기가 살아가기에는 좋지만, 인간의 우정을 시험대에 올려놓을 수 있는 온도다. 그나마 음악이 우리가 제정신을 유지하는 데 도움을 주었다. 존 케일과 토킹 헤즈의 음악이었다. 메뚜기는 한 마리씩 플라스틱 상자에 들어 있었고, 상자 안에는 쉴 수 있는 금속 횃대, 최대한 0.1밀리그램 단위까지 무게를 잰 먹이를 담는 작은 접시와 물 접시가 들어 있었다.

매일 우리는 꼼꼼한 하수구 청소부처럼, 메뚜기의 먹이 접시를 꺼내 배설물을 하나하나 집어내고, 상자 안에 든 배설물도 하나하나 다 꺼냈다. 먹기 전후 먹이 접시 무게를 재고 배설물을 분석해 얼마나 먹고 소화했는지 조사했다. 그리고 먹이 접시를 건조기에 넣어 수분을 바짝 말린 뒤, 10만 분의 1그램까지 검출할 수 있는 전자저울로 다시 무게를 쟀다. 먹기 전후 접시 무게의 차이를 통해 우리는 메뚜기가 그날 얼마나 먹었는지 계산했고, 그 값을 써서 단백질과 탄수화물을 정확히 얼마나 먹었는지 파악할 수 있었다.

메뚜기 2백 마리가 허물을 벗고 날개 달린 성체가 되거나 그 전에 죽을 때까지 매일 이 짓을 계속했다. 성체가 되기까지 며칠이 걸렸는지도 기록하고, 무게도 재고, 체지방률이 얼마나 늘어났는지도 분석했다.

그런 끝에, 마침내 실험 결과가 어떻게 나왔는지 보기 위해 스티븐의 컴퓨터 앞에 나란히 앉았다. 결과를 이해하려면 먼저 자연 상태에서 메뚜기가 어떻게 살아가는지 알아야 했다. 어쨌거나 메뚜기는 옥스퍼드의 지하층 실험실에서 살아가도록 진화하지 않았으니까. 그리고 이 책에서 내내 보여 주겠지만, 종이 진화한 생물학적 맥락을 이해하지 못한다면, 영양이 어쩌고 저쩌고 말하는 것이 무의미하다. 우리의 영양도 마찬가지다.

북아프리카 어딘가에 메뚜기 유충이 두 마리 있었다.

한 마리는 홀로 자랐다. 그 지역에는 몇 달 동안 비 한 방울 내리지 않았고, 주변에는 다른 메뚜기가 전혀 보이지 않았다. 이 암컷은 아름다운 초록색을 띠고 있어, 식생 사이에 잘 숨을 수 있었다. 홀로 살았기에, 조심스럽게 행동했고, 다른 메뚜기들에게 다가가면 쫓겨났다. 여기에는 타당한 이유가 있다. 메뚜기 한 마리는 숨을 수 있다. 하지만 모이면 굶주린 새, 도마뱀, 거미의 이목을 끌게 된다.

한편 다른 메뚜기는 무리 속에서 자랐다. 최근에 비도 내렸고, 무성하게 자라는 식물을 마음껏 먹으면서 큰 무리를 이루어 지냈다. 이 암컷은 사회적 동물이었다. 밝은 색깔을 띠고 매우 활동적이며 무리를 지어 다녔다. 이런 무리는 행군하는 군대를 형성하며, 날개 달린 성충이 되면 대규모로 날아가 아프리카와 아시아의 드넓은 지역에서 이주한다. 북아프리카에 사막메뚜기 떼가 출현하면 수천억 마리가 함께 날면서, 뉴욕 주민 전체가 일주일 동안 먹을 식량을 하루 만에 먹어 치울 수도 있다. 농경지로 날아들면, 남아나는 것이 없다.

이 두 마리는 서로 다른 종이 아니다(처음에는 다른 종이라고 여겼다). 심지어 자매일 수도 있다. 같은 종의 어느 개체든 간에 수줍은 초록색 개체가 될 수도 있고, 무리를 짓는 외향적인 개체가 될 수도 있다. 홀로 자라느냐, 무리 속에서 자라느냐에 따라 달라진다. 한 유형에서 다른 유형으로 바뀌는 과정도 빠르게 일어난다. 독립생활을 하는 초록 메뚜기를 무리에 집어넣으면, 한 시간이 지나기 전에 다른 메뚜기들에게 (쫓기는 대신) 끌릴 것이고, 몇 시간 뒤에는 행군하는 군대의 일원이 될 수 있다. 머지않아 색깔도 초록색에서 밝은 색깔로 바뀔 것이다.

이 전이를 〈밀도 의존적 행동 위상 변화〉라고 한다. 스티븐 연구진은 그것을 이해하기 위해 여러 해 동안 애썼다.

우리가 처음에 품었던 의문 중 하나는 이것이었다. 군중 속에 있을 때 이 변화를 일으키는 것이 무엇일까? 다른 메뚜기들이 가하는 어떤 자극이 이 전이를 촉발하는 것일까? 그들의 모습일까, 냄새일까, 소리일까?

우리가 발견했듯이, 결정적 역할을 하는 것은 접촉이다. 적절한 먹이 식물을 구할 가능성이 낮을 때, 홀로 지내는 메뚜기는 같은 먹이에 달려들기에 더 가까이 붙어 지낼 수밖에 없다. 그들은 서로 부딪치면서 복작거리고, 이런 신체 접촉이 척력에서 인력으로의 변화를 일으킨다.

일단 군거성 메뚜기들이 충분히 모이면, 마치 한마음이 된 양 갑작스럽게 집단 전체가 고도로 동조를 이루어 행군하기 시작한다.

우리는 행군을 시작한다는 집단적 결정이 메뚜기 사이의 단순한 국부적 상호 작용을 통해 군중 내에서 출현한다는 것을 알았다. 다시 말해, 지도자도 없고 계층 조직도 전혀 없다. 행군은 메뚜기들이 모두 한 가지 쉬운 규칙을 따르기 때문에 출현한다. 〈네 이웃의 움직임에 동조하라.〉 일단 메뚜기들이 임계 밀도에 다다르면, 한두 마리가 추가되는 순간 갑작스럽게 집단적 동조 움직임이 일어난다. 그러고는 무시무시한 행군이 시작된다.

물론 우리는 메뚜기들이 이웃의 움직임에 동조하라는 단순한 규칙을 따라야 하는 이유를 아직 알아내지 못한 상태였다. 우리는 영양이 어떤 역할을 할 수도 있다고 추측했다. 대다수 상황에서 그러하니까. 답은 모르몬 여치라는 친척 동물의 연구에서 나왔다. 그들의 동기는 좀 사악하다는 것이 드러났다.

모르몬 여치는 미국 남서부에 사는 작은 탱크처럼 보이는 날지 못하는 커다란 곤충으로, 엄청나게 떼를 지어 수 킬로미터를 행군한다. 모르몬 여치라는 이름이 붙은 이유는 1848년 모르몬 개척자들이 솔트레이크에 정착해 처음으로 심은 작물을 이들이 초토화시키기 시작했기 때문이다. 개척자들은 이 곤충을 막으려 했지만 아무런 소용이 없었고, 결국 굶주릴 상황에 처했다. 그런데 바로 그때 갈매기 떼가 구원자로 등장했다. 갈매기들이 모르몬 여치를 마구 먹어 치우기 시작했다. 지금 솔트레이크시티의 템플에는 이 사건을 기리는 갈매기 기념비가 있다. 갈매기는 유타주를 상징하는 새다(내륙 주에 갈매기라

니 좀 이상하지만, 갈매기는 큰물이 있는 곳이라면 어디든
간다).

스티븐은 유타주에서 동료인 그레그 소드, 팻 로치, 이언 쿠
진과 함께 모르몬 여치 떼를 연구하던 중 그들이 갑작스럽게
동조를 이루어 행군하는 이유를 발견했다. 스티븐은 이렇게 설
명한다.

우리는 트럭 운전사들이 들르는 모텔에 머물면서 정크 푸
드를 먹고 폴리거미 포터 맥주(〈왜 한 명만이어야 하지?〉라
고 적혀 있는)로 목을 씻어 내고 있었다. 여치는 엄청난 떼를
막 이룬 참이었다. 그레그와 팻은 무선 추적기를 이용해 그
엄청난 무리가 세이지 덤불이 드넓게 펼쳐진 지역을 매일
2킬로미터나 이동한다는 것을 밝혀냈다.

이들이 왜 이주하는지 알려 주는 단서를 살펴보자. 우리는
한 거대한 무리가 큰 도로를 건너는 광경을 5일 동안 계속 지
켜보았다. 일부가 지나가는 차에 으깨지자, 그 뒤에 오던 개체
들은 멈추어 그 사체를 뜯어먹었다. 그러다가 그들도 차에 짓
이겨졌다. 얼마 지나지 않아 죽은 여치들이 발목 깊이까지 쌓
였다. 질척거리는 그 기름진 더미를 치우기 위해 넉가래를 동
원해야 했다.

그런데 초식성 곤충이 왜 이렇게 서로를 먹어 치우려 안달할
까? 대량 자살하는 상황까지 이를 정도로? 주위에 식생이 풍부

하므로, 다른 먹을 것이 많이 있었음에도 그랬다.

우리는 옥스퍼드에서 대규모 메뚜기 실험을 할 때 썼던 바로 그 말린 가루 먹이를 사막까지 가져왔기에, 행군하는 여치 떼의 앞쪽에 먹이를 담은 접시들을 죽 늘어놓았다.

결과는 많은 것을 알려 주었다. 모르몬 여치는 탄수화물 함량이 높은 먹이는 무시한 반면, 단백질이 많이 든 먹이는 먹었다.

그런데 우리가 차린 작은 만찬을 제외할 때, 이들과 가장 가까운 곳에 있는 고단백 식품은 무엇이었을까? 바로 앞에 있는 여치였다. 따라서 이들이 행군하는 이유는 단순했다. 뒤에 동료들이 있을 때 앞으로 움직이지 않으면, 잡아먹히기 때문이다. 물론 자기 앞에 있는 개체가 멈춘다면, 그 개체를 먹이로 삼을 수 있을 것이다. 모르몬 여치의 동족 섭식은 강력한 식욕을 촉발한다. 바로 단백질을 먹으려는 식욕이다.

그리고 우리는 메뚜기도 바로 그 영양소를 갈구하게 될 때, 마찬가지로 섬뜩한 습성을 드러낼 수 있다는 것을 알아차렸다. 우리가 이 사실을 알아차린 것은 우연이었다. 스티븐은 메뚜기가 배불리 먹었을 때 보내는 신호를 알아내려 시도하고 있었다. 한 실험에서 그는 메뚜기의 배 끝에서 뇌로 감각을 전달하는 신경을 세심하게 잘라 냈다. 그는 이 수술을 받은 메뚜기들을 모두 한 상자에 넣어 두었다. 다음 날 아침 상자를 살펴본 스티븐은 모든 메뚜기가 신경이 잘린 지점까지 몸 뒤쪽이 다 사라진 것을 보았다. 곤충들은 일종의 연쇄 사슬을 형성했던 것이다. 한 마리가 앞에 있는 메뚜기의 꽁무니를 뜯어먹는(느낄 수 없으니 가만히 있었다) 동안, 그 개체도 뒤에 있는 다른 개체에게 마비된 꽁무니를 뜯어먹히고 있었다.

영양학의 원대한 개념을 검증하는 데 이보다 더 나은 동물이 과연 있을까? 어떤 먹이가 제공되든 간에 가능한 한 많이 게걸스럽게 먹어 치울 것이라고 예상되는 종이 있다면, 바로 메뚜기 떼다. 그러나 우리는 메뚜기가 그렇게 단순하지 않다는 것을 알고 있었다. 메뚜기는 영양소, 특히 단백질 섭취를 조절할 수 있다. 때로는 이웃을 먹을 필요가 있다는 것도 안다. 그렇다면 우리의 대규모 실험 결과는 어떻게 나왔을까?

알아보기 전에, 먼저 영양의 기초 사항을 설명할 필요가 있을 듯하다.

1장 요약

1. 우리는 메뚜기 실험을 이야기하는 것으로 여행을 시작했다. 메뚜기 덕분에 영양을 새로운 관점에서 볼 수 있게 되었다.

2. 우리는 메뚜기 떼가 농사를 초토화하는 재앙을 일으키는 원인이 단백질을 먹으려는 식욕 때문임을 알아냈다.

3. 단백질 식욕이 동물계의 다른 동물들에게서도 마찬가지로 중요한 역할을 할까? 우리에게서도?

2장
칼로리와 영양소

영양에 대해 어디에서부터 손을 대야 할지 감조차 잡기 어려울 수 있기에, 한 가지 단순한 질문으로 이야기를 풀어 보자. 우리는 왜 먹어야 할까?

오늘날 식품은 아주 많은 혼란과 불안의 원천이 되어 있다. 음식이 좋은 일, 아니 사실상 아주 좋은 일을 많이 한다는 점을 생각하면 너무나 안타까운 상황이다. 음식은 우리를 사회적 및 문화적으로 결속시킨다. 생명 자체를 유지하는 연료를 제공한다는 것 말고도 아주 많은 즐거움을 준다.

에너지는 우리가 식품에서 얻으려는 것 중에서 가장 친숙하다. 요즘은 식품, 식단, 심지어 차림표에까지 숫자로 열량이 적혀 있다. 우리는 거의 하루도 빠짐없이 그런 숫자를 보고 산다. 얼마나 많은 에너지가 들어 있고, 얼마나 먹어야 하는지 경고하는 엄격한 섭취 지침까지 적혀 있으며, 수학적 그라피티를 보는 듯한 느낌도 받는다. 물론 이런 식품 표기에는 에너지라는 단어를 쓰지 않는다. 아마 열량의 단위인 칼로리Calorie라는 단어가 더 흔히 보일 것이다.

그런데 칼로리가 정확히 뭘까?

칼로리는 그저 에너지의 단위 중 하나다. 1칼로리는 물 1킬로그램(1리터)의 온도를 14.5도에서 15.5도로 섭씨 1도 올리는 데 드는 에너지양이다. 음, 조금 별난 단위를 쓴다는 생각이 들 수도 있다. 욕조의 물을 데우는 데 식품이 얼마나 필요한지 궁금할 때면 대체 왜 이따위 단위를 쓰는지 머리를 쥐어뜯을지 모르지만. 그러나 이 정의는 매우 엄밀하다. 우리 과학자들은 그런 엄밀함을 좋아하는 경향이 있다. 따라서 사람들은 사실상 잘 이해하지 못한 상태에서, 칼로리가 어쩌고저쩌고 따지는 셈이다.

게다가 열량을 때로 킬로칼로리kilocalorie/kcal라고도 쓰기에 더욱 헷갈리곤 한다. 이는 1칼로리Calorie(대문자 〈C〉로 시작하는)가 1천 칼로리calorie(소문자 〈c〉로 시작하는)이기 때문이다.[1]

또 우리는 식품의 열량을 킬로줄kilojoule/kJ로 나타낸 자료도 종종 접한다. 우리 과학자들이 킬로칼로리와 함께 주로 쓰는 단위다. 킬로줄의 정의는 더욱 알아듣기 어렵다. 1킬로줄은 질량 1킬로그램인 물체를 1뉴턴(뉴턴은 중력의 척도다)의 힘으로 1미터 움직이는 데 필요한 에너지다. 1킬로줄은 정확히

---

[1] 우리나라에서 자연 과학과 공학은 소문자로 시작하는 칼로리와 킬로칼로리라는 용어를 주로 쓰지만, 식품 영양학 쪽은 킬로칼로리 대신에 대문자로 시작하는 칼로리를 주로 쓴다. 이하 모든 주는 옮긴이의 주이다.

0.239006칼로리Calorie다!

이 책에서는 에너지의 단위를 제시할 때 주로 〈킬로칼로리 kcal〉를 쓸 것이고, 과학적 연구 결과를 나타낼 때는 〈킬로줄 kJ〉을 쓸 것이다. 그리고 〈에너지〉를 일반적으로 표현할 때는 소문자 〈c〉로 시작하는 〈칼로리〉라는 단어를 쓰려고 한다.

이는 우리가 식품에 들어 있는 에너지를 물을 데우거나 물체를 이동시키는 등 행동을 일으키는 이론상의 힘이라는 관점에서 살펴보려 한다는 의미다.

물을 제외한 모든 식품은 열량을 지닌다. 열량은 중요하다. 에너지가 없다면, 우리 몸은 아무것도 할 수 없을 테니까. 식품에서 얻는 다른 중요한 것도 이용할 수 없다. 바로 영양소 말이다. 에너지는 우리 식단의 주요 영양소에서 나온다. 이 다량 영양소는 화학적 특성에 따라 몇 가지로 나뉜다. 단백질, 탄수화물, 지방이라는 이 영양가 있는 연료는 우리가 먹으면, 더 작은 분자로 분해된 뒤 흡수되고, 그 작은 분자는 세포 안에서 연소된다.

다량 영양소는 에너지만 전달하는 것이 아니다. 단백질과 그 구성단위인 아미노산은 질소도 공급한다. 그 질소는 호르몬, 효소, 정보 저장 분자인 DNA와 RNA를 비롯해 온갖 중요한 물질을 만드는 데 쓰인다. 단백질을 소화하지 못한다면, 우리는 살아갈 수 없다.

현재 사람들의 마음속에서(그리고 많은 다이어트 책에서) 지방과 탄수화물은 거의 〈칼로리〉의 다른 표현에 불과한 것으로 여겨지고 있지만, 사실 그것들은 칼로리를 제공하는 것 말고도 많은 일을 한다. 지방은 추위를 막아 주고, 비타민을 저장하고, 피부를 윤기 있게 하고, 눈알과 관절이 원활하게 움직이도록 해준다. 지방의 구성단위인 지방산은 우리 몸의 모든 세포를 감싸는 막을 구성하고, 스테롤이라는 특수한 지방은 몸속에서 벌어지는 복잡한 화학 작용을 조율하는 일을 돕는 전령역할을 한다.

우리는 지방이 없으면 존재할 수 없다.

탄수화물은 당, 녹말, 섬유질을 포함한다. 단백질과 지방처럼 탄수화물도 대부분 더 작은 단위로부터 합성된다. 포도당과 과당 같은 단순당이 결합해 만들어진다. 다양한 탄수화물의 영양가는 어떤 단순당으로 이루어져 있고 어떻게 연결되어 있는지에 따라 달라진다. 지구에서 가장 풍부한 탄수화물, 즉 식물 섬유인 셀룰로스는 포도당 단위가 너무나 치밀하게 연결되어 있어, 우리는 소화할 수가 없다.

포도당은 특히 중요하다. 우리 몸이 의존하는 주된 탄수화물이라서다. 포도당은 에너지를 제공할 뿐 아니라, 단백질에서 나오는 질소와 결합해 DNA와 RNA를 만든다.

우리 몸은 단백질과 지방을 분해해 포도당을 만들 수 있으므로, 엄밀하게 말해 우리는 포도당을 얻기 위해서라면 굳이 탄수화물을 먹을 필요가 없다. 이 말이 탄수화물을 아예 먹을 필요 없다는 뜻은 아니다. 그 이유는 뒤에서 이야기하기로 하자.

그리고 우리 몸에는 비록 다량 영양소 세 가지에 비하면 적

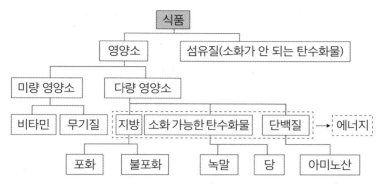

위의 표는 식품과 영양소, 그리고 에너지의 관계를 보여 주고 있다.

은 양이긴 하지만, 비타민과 무기질(광물질)도 필요하다. 이런 물질들은 미량 영양소라고 한다. 미량 영양소가 하는 일은 워낙 많아서 여기서 하나하나 다 언급할 수가 없다. 하지만 소듐 (나트륨), 칼슘, 마그네슘, 염소, 포타슘(칼륨)이 모두 말 그대로 우리를 째깍거리게 만드는 전류를 생성한다는 점을 기억하자. 즉 우리의 심장을 뛰게 하고, 우리 신경 세포에 전기 펄스가 탁탁 튀기게 한다는 뜻이다.

위의 표는 식품에 무엇이 들어 있는지 요약한 것이다. 표의 각 상자에 적힌 내용을 더 알고 싶다면, 책 뒤쪽 〈영양소의 이모저모〉를 읽어 보기를. 또 미리 읽어 두면 이 책을 읽을 때 도움이 되기도 한다.

표에서 볼 수 있듯이, 식품은 많은 영양소의 복잡한 혼합물이다. 게다가 식단 자체는 여러 식품의 복잡한 혼합물이다. 따라서 영양을 이해하려면, 어느 한 영양소의 관점에서가 아니라, 이 혼합물 속에 든 영양소의 균형이라는 관점에서 생각할 필요가 있다.

동물이 건강하게 살아가려면, 다량 영양소와 미량 영양소를 적절한 양으로 먹어야 한다. 골디락스처럼 너무 적지도 너무 많지도 않고, 알맞은 양으로. 숙주의 몸에 사는 기생충 같은 일부 동물들은 하나의 먹이 공급원에서 필요한 모든 영양소를 균형 잡힌 적절한 비율로 얻는다. 그들은 적절한 식단을 고르는 것이 어렵지 않다. 인간을 비롯한 모든 포유동물은 운 좋게도 그런 이상적인 환경에서 삶을 시작한다. 모유는 우리가 평생에 걸쳐 접하게 될 식단 중 가장 균형 잡힌 것에 가깝기 때문이다. 모유에는 갓난아기가 자라는 데 필요한 모든 것이 적절한 비율로 들어 있다. 그러나 젖을 떼고 나면, 영양은 훨씬 더 까다로운 문제가 된다.

이유를 알기는 어렵지 않다. 우리가 먹는 식품에 든 영양소들의 비율은 거의 무한히 다양한 양상을 띤다. 단백질이 더 많이 든 식품도 있고, 지방이나 탄수화물이 더 많은 식품도 있다. 어떻든 간에, 모든 식품은 영양소들의 혼합물이다. 어느 한 가지 영양소만 지닌 식품은 결코 없다. 파스타와 빵은 분명히 탄수화물 함량이 높다는 평판을 지니고 있지만, 들어 있는 에너지의 약 10퍼센트는 단백질에서 나온다. 스테이크는 단백질 창고이지만, 절반 이상은 물이며, 지방과 무기질도 많이 들어 있다.

우리 인간은 다른 동물들과 달리 어느 한 가지 음식만 먹지 않는 경향을 지니므로, 상황이 더욱 복잡하다. 우리는 이런저런 음식 재료를 모아 요리해서 먹는다. 게다가 음식들을 다양하게 조합해 식단을 짜고 식사를 함으로써, 영양소와 그 외 물질들의 복잡한 혼합물을 몸속에 집어넣는다. 그 물질들은 우리 몸의 생리 활동과 상호 작용한다.

이제, 우리가 끼니마다 하루 세 차례 모든 음식을 적절히 혼합해 균형 잡힌 식단을 의식적으로 짜야 한다고 상상해 보자. 모든 사람이 수학과 전산학 박사 학위를 지녀야 할 것이고, 그런 능력을 갖춘다고 해도 그런 식단을 계산해 짜려면 거의 온종일 시간을 투입해야 할 것이다.

개코원숭이 스텔라와 점균 덩어리가 보여 주듯이, 자연은 수학과 컴퓨터 없이도 이런 복잡한 계산을 할 수 있다. 내놓은 해답은 단순하면서 우아하다. 그리고 뒤에서 살펴보겠지만, 이 답은 모든 생물의 몸에 들어 있다. 하지만 먼저 옥스퍼드로 돌아가 보자.

2장 요약

1. 영양학의 주역은 열량, 다량 영양소(단백질, 탄수화물, 지방), 미량 영양소, 섬유질이다.

2. 더 상세한 내용은 〈영양소의 이모저모〉를 참조하라.

3. 영양학은 어느 한 가지 영양소(지방, 당, 단백질 또는 다른 무엇)를 살펴보는 차원을 떠나, 음식의 영양소 혼합물과 그 균형을 살펴본다.

4. 영양의 균형을 잡는다는 것이 매우 벅차 보이지만, 야생에서 동물들은 본능적으로 그렇게 한다. 그들은 어떻게 하는 걸까? 그리고 그 일이 우리에게는 왜 그렇게 어려울까?

3장
그래프로 보는 영양

열량과 영양소를 염두에 두고, 옥스퍼드로 돌아가자. 1장에서 우리가 대규모 메뚜기 실험 결과를 보기 위해 스티븐의 컴퓨터 앞에 나란히 앉아 있다가 떠난 그 시점으로 돌아가자. 늘 그랬듯이(지금도 그렇게 한다), 결과를 파악하는 첫 단계는 데이터를 단순하게 시각적으로 표현하는 것이다. 바로 그래프를 그리는 것이다.

그래프 자체는 커다란 L자처럼 보였다. 세로축은 메뚜기가 먹은 탄수화물의 양으로, 단위는 밀리그램(mg)이다. 가로축은 메뚜기가 먹은 단백질의 양이며, 마찬가지로 단위는 밀리그램이다. 실제 결과를 보여 주기 전에, 그래프를 읽는 법부터 설명하면 도움이 될 것이다. 어떤 가상의 메뚜기 한 마리가 탄수화물 300밀리그램과 단백질 200밀리그램을 먹었다고 하자.

모든 메뚜기의 모든 식단에 걸친 실제 결과를 한 그래프에 표시하자, 흥미로운 양상이 드러났다. 총섭취량을 가리키는 점들이 산뜻하게 하나의 선 위에 놓였다. 가로축으로부터 솟아오

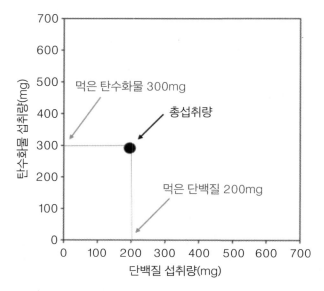

그래프 세로축: 탄수화물 섭취량(mg), 가로축: 단백질 섭취량(mg)

먹은 탄수화물 300mg

총섭취량

먹은 단백질 200mg

탄수화물 300밀리그램과 단백질 200밀리그램을 먹은 메뚜기의 섭취량을
보여 주는 그래프다.

르는 연기 기둥 같은 형태였다. 너무나 놀라울 만치 단순한 패
턴이어서, 처음에는 계산이 잘못되었나 하고 의심했다. 검사하
고 다시 검사했으나 아무런 문제가 없었다.

그래서 우리는 눈에 보이는 것이 진짜이며 중요하다는 사실
을 깨달았다. 비록 당시에는 얼마나 중요한지 깨닫지 못했지만
말이다. 우리는 각 영양소를 원하는 식욕이 영양 불균형 대처
양상과 어떻게 상호 작용하는지를 처음으로 보고 있었다. 그리
고 이미 알고 있듯이, 영양 불균형에 대한 대처는 자연에서 살
아가는 동물들에게 중요한, 아주 중요한 문제다. 성공에 필수

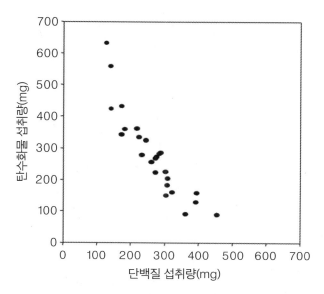

메뚜기 실험 결과 그래프. 각 점은 특정한 먹이를 먹은 메뚜기들의 단백질과 탄수화물 섭취량이다(옆 그래프에서 설명했듯이). 점들은 솟아오르는 연기 기둥처럼 배열되어 있다. 각 점은 메뚜기 한 집단의 평균 섭취량을 보여 준다.

적이다. 게다가 우리는 섭식의 수수께끼를 푸는 새로운 접근법을 창안했고, 이 방법은 모든 종에 적용 가능했다. 우리는 이 방법에 영양 기하학이라는 이름을 붙였다.

결과를 그래프로 나타냈으니, 다음 단계는 메뚜기의 영향 균형 상태에 가장 가까운 먹이가 무엇인지 알아내는 것이었다. 우리는 가장 잘 성장하고 생존한 메뚜기들이 먹은 단백질과 탄수화물 혼합물이 어떤 것인지 찾아냈다. 즉 사실상 가장 건강하게 영양소 균형이 이루어진 먹이였다. 우리는 이를 목표 먹이라고 했고, 다음 그래프에 눈알로 표시되어 있다.

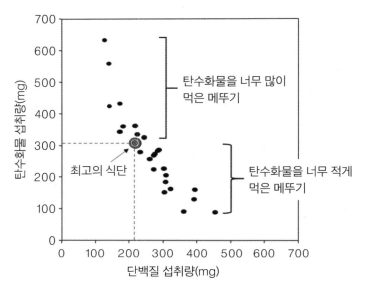

눈알은 생존과 번식에 가장 좋은 식단을 보여 준다. 따라서 다른 점들은 이 목표 식단과 비교해 해석할 수 있다.

짐작할지 모르지만, 목표 먹이는 메뚜기만이 아니라 영양 기하학 개념 자체에도 중요하다. 우리가 어느 것이 가장 균형 잡힌 식단이고(눈알 주위의 점들) 균형 잡히지 않은 식단인지(나머지 점들)를 한눈에 알아볼 수 있게 해준다. 목표에서 멀어질수록 불균형이 심해진다. 또 우리는 어떤 식단이 정확히 얼마나 불균형인지도 알 수 있다. 목표 위쪽 점들은 탄수화물을 너무 많이 먹은 메뚜기들이고, 아래쪽 점들은 너무 적게 먹은 메뚜기들이다. 목표에 있는 점들만이 정확히 균형을 이룬 먹이를 먹었다!

이 단순한 개념들을 염두에 두면, 우리 실험 결과에서 다른 중요한 점도 눈에 들어올 것이다. 탄수화물을 너무 많이 먹은 메뚜기들은 모두 단백질 목표와 거의 일치하는 수직선상에 놓여 있다. 즉 단백질을 먹은 양이 약 150밀리그램으로, 목표인 210밀리그램에 가까웠다. 그러나 단백질을 그만큼 먹기 위해 그들은 탄수화물을 과식해야 했다. 아주 많이 먹었다. 그리고 탄수화물 과식에는 비용이 따랐다. 비용은 사실상 두 가지였다. 첫째, 먹는 데 시간이 걸렸다. 즉 단백질이 적고 탄수화물이 많이 든 먹이를 먹은 메뚜기는 허물을 벗고 날개 달린 성체가 될 때까지 더 오래 걸려야 했다. 성체가 되는 시기가 늦어질수록, 번식 기회를 얻기 전에 새, 도마뱀, 거미(또는 다른 메뚜기)에게 먹힐 가능성이 더 높다. 그들이 지불하는 두 번째 비용은 곤충을 생각할 때 금방 떠오르지 않을 수도 있다. 바로 탄수화물 함량이 높은 먹이를 먹은 메뚜기가 비만이 된다는 사실이다. 당연히 메뚜기가 살쪘는지 알아보기는 쉽지 않다. 뼈대가 바깥에 있기 때문이다. 하지만 뚱뚱한 기사가 너무 꽉 끼는 갑옷에 억지로 몸을 쑤셔 넣은 것처럼, 겉뼈대 안에 살이 꽉 차 있다.

메뚜기는 단백질 섭취 목표에 다다르기 위해 고탄수화물 먹이를 과식한다. 그렇다면 저탄수화물 먹이를 먹은 메뚜기들은? 그래프에서 눈알 아래쪽에 있는 메뚜기들이다. 점들이 오른쪽으로 좀 치우치는 양상으로 보인다. 이는 메뚜기들의 단백질 섭취량이 목표보다 좀 더 많긴 하지만, 탄수화물 섭취량은 적다는 의미다. 그래서 이들은 목표 먹이를 먹은 메뚜기들에 비해 비쩍 말라 있고 성체 때까지 생존할 가능성이 더 낮다. 이들은 저장된 체지방이 아주 적어 야생에서 멀리 날지도, 오래 살지도 못할 것이다.

요약하면 이렇다. 고탄수화물 먹이를 먹는 곤충은 계속 먹어야 했고(몸이 원하는 단백질을 다 얻기 위해서), 그 결과 필요한 양보다 더 많은 탄수화물을 먹게 되어 그 탄수화물이 지방으로 쌓이고 발달을 지체시켰다. 저탄수화물 먹이를 먹은 메뚜기는 탄수화물 섭취량이 적었기에(단백질을 필요한 만큼 충분히 금방 섭취하는 바람에), 에너지 부족의 대가를 치렀다.

우리 메뚜기 실험은 동물이 두 영양소(단백질과 탄수화물)가 불균형하게 들어 있는 먹이를 먹을 때 두 영양소 사이에 경쟁이 일어난다는 사실을 처음으로 규명한 사례였다. 결국에는 단백질이 이겼다. 사실 우리가 보고 있는 것은 두 영양소 사이 경쟁이라기보다 두 식욕 사이 경쟁이었다. 단백질 식욕과 탄수화물 식욕 사이의 경쟁이다. 이제 두 식욕이 영양 목표, 즉 균형 잡힌 식단이라는 목표를 달성하기 위해 서로 협력할 수 있는지 살펴볼 차례다.

3장 요약

1. 옥스퍼드 메뚜기 실험은 균형 잡힌 식단과 그렇지 않은 식단을 정의하는 새로운 방법을 제시했다.
2. 메뚜기는 성장과 생존에 가장 적합한 단백질과 탄수화물의 목표 혼

합 비율을 지닌다.

3. 식단이 이 목표에 다다를 수 없을 때, 단백질이 탄수화물보다 우선 시되지만, 대신에 성장과 생존에 지장이 생긴다.

4. 우리는 두 식욕(단백질과 탄수화물) 사이 전투를 처음으로 규명했다. 그렇다면 이 두 식욕이 협력해 균형 잡힌 식단이라는 영양학적 목표에 다다르게 도울 수도 있을까?

4장
식욕들의 춤 경연

우리 실험에서는 각 메뚜기에게 매번 똑같은 먹이를 주었다. 메뚜기들은 먹이를 원하는 만큼 먹을 수 있었지만, 단백질과 탄수화물의 균형을 바꿀 수는 없었다. 그 비율은 우리가 정했다. 우리는 단백질 식욕과 탄수화물 식욕 중 어느 쪽이 더 강한지 알아보기 위해 두 식욕을 경쟁시키는 상황을 조성했다. 그리고 방금 보았듯이, 단백질이 이겼다.

그런데 메뚜기가 다양한 먹이 중에서 스스로 고르도록 한다면 어떤 일이 벌어질까? 두 식욕이 서로 협력해 단백질과 탄수화물이 적절히 균형을 이룬 먹이를 찾도록 도울까?

메뚜기에게 영양학적 도전 과제를 제시하는 일은 옥스퍼드 연구실의 박사 과정 학생인 폴 체임버스가 맡았다. 그는 메뚜기에게 단백질과 탄수화물의 비율을 서로 다르게 한 두 종류의 먹이를 주었다.

모든 사례에서 메뚜기들은 똑같은 선택을 했다. 어떤 먹이가 나오든 간에, 단백질과 탄수화물이 동일한 비율로 균형을 이루도록 먹었다. 그렇게 하려면, 제공되는 먹이의 종류에 따라 두 먹이를 먹는 양이 서로 달라야 했다. 마치 우리 식사에 고기와 파스타가 나오든, 달걀과 빵이 나오든, 콩과 쌀이 나오든, 생선과 감자가 나오든 언제나 단백질과 탄수화물을 동일한 비율로 먹는 것과 같다. 인간에게는 거의 불가능한 도전 과제처럼 보인다. 그런데 어떻게 하는지는 모르지만, 메뚜기는 이 문제를 쉽게 풀었다.

더욱 인상적인 점은 그들이 고른 단백질과 탄수화물의 조합이 우리가 대규모 메뚜기 실험에서 얻은 그래프의 눈알 지점과 정확히 일치한다는 것이었다. 즉 메뚜기들은 단백질과 탄수화물의 가장 건강한 조합, 생존과 성장에 가장 좋은 조합을 골랐다.

더 나아가 우리 실험은 먹이에 특정한 영양소가 부족한지 여부를 곤충이 어떻게 알 수 있는지도 보여 주었다. 다른 곤충들처럼 메뚜기도 발을 비롯한 여러 부위뿐 아니라 구기mouthparts에도 맛을 느끼는 털이 가득 나 있다. 이런 털이 먹을 수 있는 무언가에 닿으면, 메뚜기는 화학적 성분을 분석해 먹을지 말지 결정한다. 메뚜기가 최근에 단백질을 충분히 먹었다면, 이 감지기들은 그 영양소를 무시할 것이다. 그 영양소가 들어 있다는 사실조차 알아차리지 못할 것이다. 반면에 그 메뚜기가 단백질이 부족한 상태라면, 감지기는 단백질을 접할 때 〈먹어〉라는 전기 신호를 뇌로 보낼 것이다. 우리 실험에서 메뚜기들은 바로 그렇게 했다. 탄수화물을 무시하고서 말이다.

우리는 한 단계 더 나아가 메뚜기가 먹이에 들어 있는 단백질과 탄수화물을 색깔 및 냄새와 관련지을 수 있다는 것도 보여 주었다. 또 우리는 갈구하는 것을 찾을 수 있는 곳으로 가도록 메뚜기를 훈련시킬 수 있었다. 핀 머리만 한 크기의 뇌를 지닌 동물로서는 아주 영리한 행동이 아닐 수 없다.

이는 메뚜기가 먹이들을 놓고서 선택할 때 식욕 체계들이 서로 협력함으로써, 최적의 균형이 이루어진 식사를 할 수 있도록 딱 맞는 비율로 먹이들을 조합해 먹는다는 것을 증명했다. 그러나 우리의 대규모 메뚜기 실험에서처럼 불균형한 먹이만 먹을 수 있도록 하면, 단백질 식욕과 탄수화물 식욕은 서로 경쟁한다. 그리고 메뚜기의 경우에는 언제나 궁극적으로 단백질 식욕이 이겼다.

메뚜기의 섭식에 관한 이 모든 세세한 사항들은 그 자체로도 흥미로웠다. 적어도 우리에게는 그랬다. 그런데 그 내용은 모든 사람과 관련 있는 더 큰 주제로도 이어졌다. 메뚜기에서 본 것이 인간을 포함한 동물계 전체의 식욕에도 적용될 수 있을까 하는 문제였다. 이 문제를 다루려면 식욕이 정확히 무엇을 가리키며, 어떻게 마법(때로 해악)을 일으키는지 살펴볼 필요가 있다. 이런 탐구는 우리가 종종 받는 한 가지 질문에 답하는 데도 도움이 될 것이다. 생물은 무엇을 먹어야 하는지 선천적으로 어떻게 아는 것일까?

식욕을 이해하고자 할 때 첫 번째로 염두에 두어야 할 것은 자연이 우리가 먹는 모든 것에 고도로 개별적인 맛(향미flavor)

을 제공한다는 것이다. 우리는 숯이 된 고깃덩어리와 물열매의 맛을 구별하고, 또 그것들은 즙이 많은 짙푸른 나뭇잎의 맛과 다르다. 이렇게 맛이 제각각 다른 것은 결코 우연이 아니며, 그저 식사를 지루하지 않게 만들기 위한 것도 아니다(물론 그 덕분에 지루하지 않지만). 음식의 맛 조성은 그 화학적 내용물, 즉 영양소를 알려 준다.

단백질, 지방, 탄수화물이 에너지를 제공하고 다른 중요한 기능들을 수행하는 양쪽으로 나름의 특수한 역할과 의미를 지닌다는 점을 생각하면, 자연이 우리에게 그것들을 구별할 능력, 따라서 음식에 그것들이 들어 있는지 검출할 능력을 제공했다고 해도 놀랄 이유는 없다.

우리는 이 재능을 당연하게 여기지만, 이 능력이 없다면 누구도 존재하지 못할 것이다. 이 능력은 어느 음식에 어떤 영양소가 들어 있고, 무엇을 먹고 무엇을 피해야 하는지 파악하는 데 도움을 준다. 적절한 음식을 찾아야 할 이 필요성이야말로 우리가 당을 기분 좋은 단맛으로 느끼고, 고단백 식품에서 감칠맛이라는 쩝쩝거리게 하는 맛을 느끼고, 지방에서 풍성하고 기름진 식감과 맛을 느끼는 이유다. 그렇지 않으면, 영양소를 어떻게 구별하겠는가?

다량 영양소를 맛으로 느낄 수 있는 동물이 인간만은 아니다. 몇몇 동물은 있을 법하지 않은 부위에 맛을 느끼는 기관이 있다. 검정파리 암컷은 메뚜기처럼 발과 배 끝으로 당과 아미노산의 맛을 느낀다. 이 맛을 토대로 구더기가 자라기에 알맞게 역겨운(적어도 우리에게는) 것에 알을 낳는다. 이 말이 좀 별나게 들린다면, 우리가 소화될 때 분해되는 영양소를 추적하는 데 도움이 되도록 입뿐 아니라 창자에도 맛 수용체가 있는 사실을 생각해 보라. 어쨌거나 우리 창자는 양쪽 끝이 열려 있다. 앞쪽 끝에서 음식물의 맛을 보는 것처럼, 음식물이 창자를 죽 지나는 동안에도 맛을 봄으로써 계속 음식물의 움직임을 추적한다. 심지어 우리는 영양소가 창자를 떠나 혈액으로 들어간 뒤에도 간과 뇌를 비롯한 다양한 기관에 있는 수용체를 통해 계속 감지한다. 뇌는 식욕 통제 중추가 있는 곳이다. 이 중추란 혈액, 간, 창자에서 오는 신호들을 종합해 배가 고프거나 꽉 차 있다는 느낌을 일으키는 신경 회로다.

다량 영양소뿐 아니라 소금 등 미량 영양소 중 일부를 검출할 수 있는 미각 기관들도 우리의 혀와 몸 곳곳에 흩어져 있다.

각각의 맛과 향미는 음식이 어떤 것이고, 그 음식에 특정한 영양소가 얼마나 들어 있는지에 관한 정보를 제공한다. 섭식 방정식 바깥쪽에 놓인 정보들이다. 이 정보는 동물이 무엇을 먹을지 결정할 때 도움을 주며, 이 정보가 중요하다는 사실은 굳이 말할 필요도 없다. 그러나 맛과 향미는 마찬가지로 중요한 것을 동물에게 알려 주는 면에서는 좀 미흡하다. 해당 시점에 각 영양소가 얼마나 필요한지 여부를 확인해야 한다. 그 방정식의 안쪽에 놓인 나머지 절반은 식욕 체계가 맡는다.

흔히 식욕을 동물(인간을 포함한)이 배가 꽉 찰 때까지 먹도록 내모는 단일하고 강력한 허기라고 생각하지만, 그렇지 않다. 메뚜기가 알려 주었듯이, 식욕이 한 가지라면 균형 잡힌 식사를 하는 쪽으로는 아무 쓸모가 없을 것이다. 따라서 동물은 다양한 영양소를 필요한 만큼 계속 얻으려면 개별적 형태의 식욕들을 지녀야 한다.

그러나 생물 체계가 복잡해지면서도 효율적으로 작동할 수 있는 수준에는 한계가 있다. 따라서 건강하게 살아가는 데 필요한 수십 가지 영양소 각각의 식욕을 따로따로 지니기란 불가능하다. 다 지닌다면 식사 때마다 미칠 지경에 이를 것이다.

대신에 우리는 메뚜기에게서 두 가지 식욕을 찾아냈다. 단백질 식욕과 탄수화물 식욕이다. 인간처럼 더 복잡한 종은 어떨까? 우리는 식욕이 몇 가지나 필요할까? 아마 이렇게 묻는 편이 더 나을 듯하다. 식욕이 몇 가지만 있으면 건강하게 살아갈 수 있을까?

답은 다섯 가지인 듯하다. 즉 다섯 가지 식욕만으로 충분하다. 이 식욕들은 다음과 같은 영양소를 먹도록 우리를 내몬다.

단백질
탄수화물
지방
나트륨
칼슘

즉 다량 영양소 세 가지에다 아주 중요한 미량 영양소 두 가지다. 이는 우리가 음식에서 맛을 느낄 수 있는 영양소와 동일하다. 불가능해 보이는 도전 과제에 대한 가장 우아한 해결책이다. 우리 식욕은 특정한 향미를 표적으로 삼아 진화했고, 생존에 필요한 것들만 먹도록 우리를 이끈다.

우리 진화 과정에서 이 영양소(5대 영양소)들이 뽑힌 데에는 나름의 이유가 있다. 첫째, 각각이 식단에서 매우 특정한 수준으로 필요하다는 것이다. 너무 많아도 안 되고 너무 적어도 안 된다. 둘째, 우리가 먹는 것들에 이런 영양소가 들어 있는 농도가 제각기 다르다는 점이다. 예를 들어, 단백질을 필요한 만큼 얻으려면 스테이크를 먹을 때보다 밥을 먹을 때 훨씬 더 많이 먹어야 할 것이다. 셋째, 이런 영양소 중 일부는 우리 조상들이 살던 환경에서는 아주 드물었기에, 우리는 그것들을 적극적으로 추구할 생물학적 전담 기구를 갖추어야 한다.

예를 들어, 나트륨과 칼슘은 예전에는 너무나 희귀했기에 전용 맛 수용체를 갖춘 별도의 식욕이 구축되었다. 영어의 봉급 salary이라는 말은 소금salt에서 나왔다. 옛날에는 소금이 너무나 귀해 화폐로 쓰였기 때문이다. 우리만 그런 것이 아니다. 고릴라는 소금을 얻기 위해 나무껍질을 먹는다. 칼슘도 너무나 귀하기에, 대왕판다는 번식할 때 필요한 칼슘을 얻기 위해 장거리를 돌아다니곤 한다.

다른 필수 영양소들은 어떨까? A, C, D, E, K, B_1(티아민), B_2(리보플래빈), B_3(니아신), B_5(판토텐산), B_6, B_7(바이오틴), B_9(엽산), B_{12} 같은 비타민, 칼륨, 염소, 인, 마그네슘, 철, 아연,

망간, 구리, 요오드, 크롬, 몰리브데넘, 셀레늄, 코발트 같은 무기질은? 그것들을 전담하는 식욕은 왜 진화하지 않았을까? 한 가지 이유는 우리의 자연 식단에 이런 영양소들이 풍부하게 들어 있어서 5대 영양소를 제대로 먹으면 자동으로 나머지도 충분히 섭취하기 때문이다. 덕분에 많은 측정과 복잡한 계산을 할 필요가 없었다.

　지금까지 한 이야기가 꽤 논리적으로 들릴 텐데, 실제로 논리적이라서 그렇다. 그러나 역사적으로 보면 그런 식으로 파악하지 않았던 시대도 있었다. 전문가들조차 말이다.

　지난 6백 년 동안 식욕이라는 단어는 일상적으로 쓸 때나 전문가들이 쓸 때나 의미가 거의 동일했다. 1375년 스코틀랜드의 존 바버는 〈다른 양념은 전혀 필요 없이, 식욕만 있으면〉 되는 감동적인 잔치를 묘사한 시를 썼다. 〈허기가 최고의 양념이다〉라는 격언도 같은 개념을 담고 있다. 그로부터 몇 년 뒤인 1398년 제프리 초서는 식욕의 세기가 건강에 달려 있다고 간파했다. 〈앓기 전에는 식욕이 떨어지는 법이다.〉 그리고 1789년 벤저민 프랭클린은 식욕과 우리의 영양소 필요성을 연관 지었다. 〈맛 좋은 음식은 우리에게 자양분을 제공한다.〉

　식욕을 과학적으로 연구하기 시작한 것은 더 최근의 일이다. 모두 한 가지 중요한 질문에서 시작되었다. 우리 몸에서 배가 고프다는 느낌을 일으키는 것이 정확히 무엇일까? 1912년까지 거슬러 올라가는 한 초기 이론은 〈꼬르륵 이론〉이라고 알려져 있다. 이 이론은 위장이 꽉 찼는지 여부가 식욕의 스위치라고 본다. 위장이 텅 비어 양쪽 벽이 서로 비벼질 때(꼬르륵 소리가 날 때) 허기 스위치가 켜지고 위장이 꽉 차면 꺼진다는 것이다. 꼬르륵 이론은 나중에 위장이 없어도 허기를 느낀다는 것이 밝혀지면서 치명적 타격을 입었다. 암이나 궤양 때문에 위장을 잘라 내는 수술을 받은 환자들도 익숙한 허기를 계속 느꼈다.

그 뒤 몇 가지 이론이 나왔는데, 몸이 뇌에 먹어야 할 때가 언제인지 알리는 방법을 저마다 다른 식으로 제시했다. 항온 가설은 동물이 체온을 유지할 에너지를 얻기 위해 먹고 과열을 막기 위해 먹는 것을 멈춘다고 주장했다. 포도당 항상성 가설은 혈당을 중요한 연결 고리라고 보았다. 지질 항상성 이론은 체지방 저장에 초점을 맞추었다. 그리고 아미노산 항상성 이론은 혈액에 들어 있는 아미노산이 핵심 역할을 한다고 보았다. 이 이론들은 저마다 분명히 다르지만, 식단의 어느 한 성분을 에너지나 당, 지방, 아미노산 등 식욕과 몸에 필요한 것의 연결 고리로 보았다는 공통점이 있었다.

1930년대에 쿠르트 리히터라는 젊은 과학자는 존스 홉킨스 대학교의 자기 연구실에서 눈에 띄지 않게 조용히 쥐를 연구하고 있었다. 독일 기술자의 아들인 리히터는 이론을 떠들기보다 몸이 정확히 어떻게 뇌에 특정한 행동을 수행하라고 지시하는지 알아낼 영리한 실험을 고안하는 데 몰두하고 있었다. 당연히 섭식 문제도 다루었다. 그 연구실에서 무려 70년을 연구하면서, 리히터는 우리 연구와 이 책에 실린 이야기의 중요한 배경을 이루는 많은 발견을 했다.

한 실험에서는 쥐의 생리 활동을 조작해 몸에서 치명적인 속도로 염분이 빠져나가도록 했다. 그러나 쥐들은 죽지 않았고, 증가한 염분 손실을 보충하기 위해 소금을 더 많이 섭취했다. 중요한 점은 쥐들이 먹이를 전반적으로 더 많이 먹거나 다른 영양소들까지 더 섭취한 것이 아니라, 오로지 소금만 더 먹었다는 것이다. 리히터는 칼슘을 대상으로 비슷한 실험을 했는데, 결과는 동일했다. 쥐들은 다른 영양소는 개의치 않고 칼슘을 더 많이 섭취함으로써 삶을 이어 나갔다.

리히터는 자신이 관찰한 것이 쥐의 정상적 삶과 관련 있음을 확인하기 위해, 쥐 암컷의 나트륨과 칼슘 필요량이 자연히 늘어나는 시기인 임신과 수유 때의 먹이 선택 양상도 조사했다. 그가 추측한 대로, 쥐들은 평소 먹는 것보다 이런 영양소를 더 많이 먹었다. 리히터의 실험은 쥐의 식욕이 하나가 아니라, 적어도 두 가지 영양소의 식욕이 따로 있음을 보여 주었다. 그러니 항온, 포도당 항상성, 지질 항상성, 아미노산 항상성을 내세우는 다른 모든 이론은 재고해야 마땅했다. 모두 틀렸기 때문이 아니라, 각각 어느 정도는 들어맞을 가능성이 있어서였다.

우리의 메뚜기 연구가 끼어드는 지점이 바로 여기다. 우리는 곤충조차 여러 가지 식욕을 지니며, 이런 식욕들이 균형 잡힌 식단을 선택하는 데 쓰일 수 있다는 것을 입증했다.

그러나 식욕은 언제 먹기 시작하라고 알려 주기 위해서만 존재하는 것이 아니다. 언제 먹기를 멈추어야 할지 알려 준다는 점도 마찬가지로 중요하다. 여기에는 음식물에 들어 있는 영양소가 소화를 통해 분해되고, 혈액으로 흡수되고, 뇌로 포만감의 신호를 보내는 과정이 관여한다. 유일한 결함은 이런 신호들이 작용하는 데 시간이 걸린다는 것이다(사실상 식사가 끝난 뒤에야 작동하는 신호도 있다). 먹기를 멈추라는 메시지를 받을 즈음에는 이미 과식한 상태에 놓일 위험이 있다. 우리 모두는 10분 전에 이미 배가 꽉 찼다는 사실을 깨닫지 못한 채 너무 빨리 너무 많이 먹고 뒤늦게 과식했다고 느끼곤 한다. 그사이 몸에 열량 폭탄을 던져 넣은 것이다.

이런 일을 어떻게 하면 피할 수 있을까? 먹는 속도를 늦추고, 배가 빨리 채워지도록 하고, 서서히 흡수되는 영양소가 혈액으로 흡수되어 몸에 들어왔다고 뇌에 알릴 시간을 벌어 주는 무언가가 필요하다. 다행히 자연은 우리에게 그 수단도 제공한다. 창자를 늘려 포만감을 유도하고 창자가 비워지는 속도를 늦추는 것이 있다.

바로 섬유질이다.

메뚜기 같은 초식 동물과 우리 같은 잡식 동물에게 섬유질은 식물성 음식을 부피 있게 만드는 주된 원천이다. 섬유질은 식물의 세포와 조직의 구조를 형성하고, 2장과 〈영양소의 이모저모〉에서 설명했듯이, 우리 몸이 스스로 만드는 소화 효소로는 소화할 수 없는 복잡한 형태의 탄수화물을 만드는 주성분이기도 하다. 하지만 우리 창자에 사는 미생물은 섬유질 중 일부를 소화한다. 우리 창자 속에서 수조 마리가 생태계를 이루고 있는 이 미생물 집단을 마이크로바이옴이라고 한다.

먹이를 제공받는 보답으로 이 미생물들은 우리 몸에 필요한 주요 영양소(짧은 사슬 지방산, 비타민, 아미노산)를 생산한다. 또 우리 면역계를 돕고, 창자를 건강하게 하고, 심지어 정신 건강에도 도움을 준다. 게다가 장내 미생물은 포만감을 느끼게 하는 신호를 생성한다. 즉 우리 식욕 제어 체계의 중요한 일부다.

메뚜기와 약간의 기하학 덕분에 우리는 영양소 식욕의 힘과 능력을 언뜻 엿볼 수 있었다. 우리는 식욕들이 균형 잡힌 식사를 하는 복잡한 도전 과제를 해결하는 데 도움을 주는 것이 가능할 때, 즉 필요한 영양소를 알맞은 양으로 얻을 수 있을 만큼 먹이들이 있을 때 완벽하게 조화를 이루면서 협력한다는 것을 알았다. 또 메뚜기 실험을 통해, 상황이 안 좋고 균형 잡힌 식사가 불가능할 때는 식욕들이 서로 갈등을 빚는다는 것도 보여주었다. 그런 사례에서는 단백질 식욕이 우위를 점하고, 탄수화물 식욕이 더 수동적인 양상을 띠었다.

우리는 메뚜기가 인간을 포함한 동물계의 다른 구성원들에게 확대 적용할 수 없는 흥미로운 별난 사례인지 궁금해지기 시작했다. 혹시 우리가 자연의 일반 법칙에 해당하는 무언가를 보고 있는 것은 아닐까? 그렇다면 메뚜기는 중요한 사례일 수 있다.

4장 요약

1. 동물은 서로 별개로 진화한 단백질, 탄수화물, 지방, 나트륨, 칼슘의 식욕을 지닌다. 이 5대 영양소는 식단이 영양학적으로 균형을 이루었는지 알려 줄 수 있다.

2. 섬유질은 식욕 제동 장치 역할을 한다. 과식을 막고 장내 마이크로바이옴의 먹이가 된다.

3. 메뚜기에게 여러 먹이를 고를 수 있게 하면, 단백질 식욕과 탄수화물 식욕은 협력해 균형 잡힌 식사를 하도록 이끈다.

4. 그런데 이런 영양소 균형 잡기가 모든 동물에게 나타나는 보편적인 행동일까?

5장
법칙의 예외 사례 찾기

우리 과학자들은 중요할 수도 있는 무언가를 추구할 때, 열정을 억누르면서 계속 이렇게 묻도록 훈련받았다. 내가 틀릴 수도 있지 않을까? 우리에게는 이 질문이 이런 형태를 취했다. 다수의 식욕이 생물의 영양 욕구를 충족시키는 능력이 법칙이 아니라 예외 사례일 수도 있지 않을까?

특히 우리는 실험실에서 먹이를 먹는 메뚜기가 수행하는 균형 잡기 행동이 실험실에서든 자연환경에서든 간에 다른 모든 동물에게도 적용되는 법칙인지 여부가 궁금했다. 우리는 다수의 식욕을 이용한 영양 균형 잡기가 아마 흔할 것이라고 추측했다.

그저 중요한 무언가를 발견하고 싶어 하는 두 과학자의 소망이 담긴 생각이었을까? 그렇지 않다. 우리에게는 그 생각이 옳다고 믿을 근거가 있었다. 사실 우리는 우리가 보고 있는 것이 모든 생물의 필수 조건에 가깝다고 추론했다.

우리가 그렇게 믿은 한 가지 강력한 근거는 다윈의 논리에서

도출된다. 생물이 다양한 특징과 기술을 습득하는 과정은 단순한 숫자 게임을 통해 이루어진다. 어떤 특징이 번식 성공에 도움을 줄 때, 그것이 어느 정도 유전되는 것이라면, 그 특징은 다음 세대로 전달될 것이다. 다시 말해, 도움을 주지 않은 형질에 비해 전달될 가능성이 더 높다. 이런 형질이 유전될 수 있으므로, 유용한 형질을 지닌 부모의 자식은 번식에 더 성공할 것이며, 이런 식으로 지속되면 집단에서 유용한 형질은 이윽고 더 흔해지면서 덜 유용한 형질을 대체할 것이다.

우리 연구에 비추어 볼 때, 우리가 생물학에 관해 아는 것은 모두 동일한 방향을 가리키고 있었다. 식단의 균형을 잡는 동물은 그렇지 않은 동물보다 번식에 도움이 되는 능력을 더 갖추고 있을 것이다. 불운한 동물에게는 섭식이 복권 추첨에 더 가까울 것이다. 어느 영양 욕구가 충족되고 어느 욕구가 굶주리게 될지는 우연에 맡겨지기 때문이다. 길을 인도할 식욕이 없다면, 동물은 어느 날은 운 좋게 필요한 영양소 혼합물을 먹을 수도 있겠지만, 대개는 실패할 것이다.

그러나 이는 반드시 무언가가 참이라는 말이 아니라, 그저 무언가가 참일 가능성이 높다고 시사하는 것일 뿐이었다. 그런데 어떻게 하면 맞는지 검증할 수 있을까? 물론 지구의 모든 종을 조사하는 것이 가장 확실한 방법이라고 할 수도 있다. 그러나 메뚜기 실험을 하느라 갖은 고생을 한 일이 아직 머릿속에 생생하게 남아 있었기에, 우리는 그런 조사가 결코 이루어질 리 없다는 것도 잘 알았다. 우리는 영양학적 지혜가 연구된 많은 종의 자료를 갖고 있었고(우리의 추정에 따르면 50종이 넘으며, 개미부터 말코손바닥사슴에 이르기까지 몸집도 제각각이다), 이 책에는 그들의 이야기도 많이 실려 있다. 그러나 그런 연구들은 아직 겉핥기 수준을 벗어나지 못했다.

우리에게는 다른 접근법이 필요했다.

우리는 영양 균형이 동물 전체의 법칙인지 소수의 예외 사례인지 알아내는 가장 효과적인 방법이 그 질문을 뒤집는 것임을 깨달았다. 즉, 영양소 섭취의 균형을 이룰 가능성이 가장 낮아 보이는 종을 골라 조사할 필요가 있었다. 우리가 틀렸다면 그렇다고 드러날 것이다. 이런 유형의 자기 회의주의, 즉 어느 정도 난타를 해도 견딜 수 있는지 알아봄으로써 이론을 검증하는 방식은 과학에서 통상적으로 이루어지는 활동이자 과학을 정의하는 특징이기도 하다. 과학을 과학답게 만드는 활동이다.

아무튼 이제 우리는 영양 균형 잡기를 하지 않는 종을 찾을 필요가 있었다. 가장 안 할 것 같은 종조차 영양 균형 잡기를 한다고 드러난다면, 설령 전부는 아니라 해도 종의 대부분이 그렇게 한다고 확신할 수 있을 것이다. 어느 종이 우리 이론을 반증할 가능성이 유달리 높을까? 어떤 의미에서 보면, 우리는 이미 그중 한 종을 연구했다. 모든 동물 중에서 메뚜기는 지나는 길에 있는 모든 것을 먹어 치우는 무차별적 탐식으로 가장 유명한 종에 속했으니까. 그런데 그들조차 세심하게 영양소를 정확한 비율로 혼합해 먹는다는 것을 보여 주었기에, 우리는 다른 종들도, 특히 식성이 까다롭다고 잘 알려진 종들도 그럴 것이라고 확신했다.

그러다가 시끄럽게 울어 대는 병아리, 철학적 취향의 학생, 둘로 쪼갠 아무것도 아닌 것과의 우연한 만남을 통해 더욱 힘겨운 도전 과제가 출현했다.

1997년, 데이비드가 옥스퍼드 대학교 동물학과의 랭커셔주 연구실에서 동물 행동학 실습 강의를 하고 있을 때였다. 학생들은 막 부화한 병아리들을 대상으로 실험하느라 바빴다. 데이비드는 교실 앞쪽에서 저명한 진화 생물학자이자 열정적 무신론자인 리처드 도킨스와 이야기를 나누고 있었다. 리처드는 교실에서 들려오는 시끌벅적한 소리에 무슨 일인가 해서 들른 참이었다.

열정 넘치는 젊은 학생 스티븐 존스는 좋은 기회가 왔다고 생각해, 리처드에게 다가와서 한껏 목소리를 깔고 말했다. 「저는 포스트모던 과학에 관한 논문을 쓰고 싶습니다. 지도를 부탁드려도 될까요?」

그러자 리처드는 특유의 간결한 어조로 물었다. 「그런데 포스트모던 과학이 뭐지?」 그러더니 곧바로 스스로 답을 내놓았다. 「아무것도 아닌 것을 둘로 쪼갠 거네.」 〈아무것도 아니다〉라는 말의 신랄한 영국식 표현이라고 할 수 있다. 좀 더 점잖게 말하자면, 절대적으로 아무것도 아니라는 뜻이다.

리처드는 〈포스트모던 과학〉이 일종의 문화적 상대주의, 즉 과학이 여느 신념 체계들과 다를 바 없는 것 중 하나일 뿐이며, 결코 진리를 독점할 권리를 지니지 못한다는 철학적 입장임을

(대다수 사람보다 더) 잘 알고 있었다. 그리고 우리가 앞서 논의한 이유들 때문에 그 견해가 틀렸다는 것도 알고 있었다. 과학의 자기 회의적 특성은 옳지 않은 이론을 제거하는 효과적인 여과기이며, 그 과정은 시간이 흐르면서 믿음으로부터 사실을 분리하기 때문이다.

리처드는 스티븐의 논문 지도 요청을 거절했다. 그러나 영양학에서 〈사실〉과 〈믿음〉을 가르는 명확한 선이 무엇인가 하는 문제에 관심을 갖고 있던 데이비드가 대신 지도해 주기로 했다.

스티븐은 잘 해냈다. 비록 그의 논문은 무엇이 참이고 참이 아닌지 다루는 철학에 획기적으로 기여한 것은 아니지만, 섭식에 관한 진리를 추구하는 우리 연구에 간접적으로 중요한 기여를 했다.

논문 준비를 하면서 스티븐은 박사 과정에 들어가서 실질적으로 중요한 무언가를 연구하고 싶다는 생각을 품었다. 그는 바퀴벌레를 연구하기로 결심했다. 지저분한 습성을 지니고 악취를 풍기고 질병을 퍼뜨린다고 알려진, 널리 퍼진 해충 말이다. 그 즉시 우리는 기회가 왔음을 알아차렸다. 바퀴벌레는 영양 균형 잡기가 동물에게 일반적인지 여부를 검사하는 완벽한 동물이기도 했다.

이유는 이렇다. 이 호감이 가지 않는 동물은 극도로 교활하고 적응력이 뛰어나고 강인하다. 대다수 종을 멸종으로 내몰 만한 상황에서도 견디면서, 열대에서 온대림, 염습지, 사막, 도시에 이르기까지 거의 모든 환경에서 살아갈 수 있다. 도시에서 바퀴벌레는 쓰레기통, 배수구, 하수관을 뒤적거릴 뿐 아니라, 식당, 찬장, 기회가 있으면 식탁 접시까지 돌아다닌다. 한번에 다 훑기도 한다. 이런 융통성은 아주 다양한 먹이를 먹을 수 있는 놀라운 능력을 토대로 한다. 아예 먹지 않는 것까지 포함해서 말이다. 바퀴벌레는 먹지도 마시지도 않은 채 한 달을 살 수 있고, 물만 먹고 백 일 넘게 버틸 수도 있다. 이 영양학적 강인함의 토대를 이루는 몇 가지 특수한 비결이 있다.

바퀴벌레의 뒤창자 안에는 수천 개의 미세한 가시가 나 있다. 각 가시에는 세균 수백만 마리가 살며, 이 세균들은 대다수 동물이 소화시키지 못할 탄수화물을 소화할 수 있다. 예를 들어, 바퀴벌레는 목재, 종이, 마분지, 면화 섬유의 주성분인 셀룰로스를 먹어 가시에 사는 세균들의 에너지원으로 삼을 수 있다. 셀룰로스가 지구에서 가장 풍부한 유기 화합물임에도 그것을 에너지원으로 쓸 수 있는 동물이 거의 없다는 점을 생각하면, 이는 대단한 이점이다. 바퀴벌레에게 탄수화물이 부족할 일은 거의 없다는 의미다.

그것만이 아니다. 모든 동물은 단백질의 합성과 분해를 비롯해 다양한 대사 과정에서 생기는 질소 노폐물을 몸 밖으로 배출해야 한다. 포유류는 주로 소변을 통해 그렇게 하는 반면, 대다수 곤충, 조류, 파충류는 죽 같은 하얀 요산의 형태로 배설한다. 바퀴벌레도 단백질을 너무 많이 먹으면, 남아도는 양을 질소 노폐물로 배설한다. 그러나 다른 동물들과 달리, 바퀴벌레는 전부 배설하지는 않는다. 일부를 요산 세포라는 특수한 세포에 작은 결정 형태로 저장한다. 이 세포는 간에 해당하는 곤충의 지방체에 들어 있다. 요산 세포뿐 아니라 균 세포라는 또 다른 지방체 세포도 있다. 이런 세포들은 세계의 다른 곳에서는 살아갈 수 없는 세균 집단을 포획해 간직한다. 이 세균들은 요산 세포에 저장된 질소를 원료로 삼아 아미노산을 합성한다. 합성된 아미노산은 혈액으로 들어가 바퀴벌레가 단백질을 만드는 데 쓰인다. 균 세포의 세균은 사실상 몸에 있는 질소 재순환 공장이다.

우리는 바퀴벌레가 이런 다재다능한 탄수화물과 단백질 처리 능력을 갖추고 있으므로, 다른 동물들에 비해 당, 녹말, 단백질을 조직이 요구하는 대로 양을 정확히 딱 맞추어서 먹지는 않을 거라고 추론했다. 우리는 바퀴벌레가 그렇게 다양한 먹이를 먹을 수 있고 그토록 많은 서식지에서 살아갈 수 있는 이유가 바로 그 때문이라고 믿었다.

바퀴벌레가 실제로 영양소 섭취 균형 잡기를 하는지 여부를 검사할 기회가 왔다고 우리가 흥분한 이유도 그 때문이다. 탄수화물과 단백질을 딱 맞는 양으로 먹을 필요가 전혀 없어 보이는 동물이 그럼에도 딱 맞추어 먹는다면, 그렇게 먹어야 할 필요가 더 있는 종들도 그럴 것이 확실하기 때문이다.

스티븐은 이 문제를 해결하기 위해 영리한 실험을 고안했다. 먼저 그는 먹이를 세 종류 만든 뒤 바퀴벌레 집단별로 이틀 동안 한 가지만 먹였다. 한 집단은 고단백 저탄수화물, 또 한 집단은 고탄수화물 저단백, 세 번째 집단은 양쪽 영양소가 중간 수준으로 섞인 먹이를 먹었다. 사람으로 치면 각각 생선만 먹거나, 밥만 먹거나, 양쪽을 섞은 초밥을 먹는 것과 비슷하다. 그런 다음, 바퀴벌레들에게 세 종류의 먹이를 다 뷔페로 제공하고 원하는 대로 골라 먹을 수 있도록 했다.

결과를 본 우리는 깜짝 놀랐다. 스티븐이 자료를 우리가 으레 쓰는 단백질-탄수화물 섭취 그래프로 나타내자, 바퀴벌레가 균형 있게 영양소를 섭취할 뿐 아니라 당시까지 우리가 조사한 그 어떤 동물도 따라오지 못할 수준으로 정확하고도 단호하게 그렇게 한다는 것이 곧바로 드러났다. 그 뒤로 많은 동물이 연구되었음에도 여전히 그렇다.

앞서 단백질과 탄수화물이 균형을 이룬 초밥형 먹이를 먹었던 바퀴벌레 집단은 마지막 뷔페 단계에서 앞서 먹었던 것과 비슷한 식단이 구성되도록 세 가지 먹이를 다 골라 먹었다. 다른 두 집단은 앞서 부족했던 영양소가 들어 있는 먹이만 골라 먹었다. 탄수화물만 먹어야 했던 집단이 이제는 단백질 먹이를 먹는 식이었다. 그런 집단들은 10시간 동안 그렇게 먹은 뒤에야 비로소 세 가지 먹이를 다 먹기 시작했다. 뷔페를 48시간 동안 먹자, 그들은 목표 영양소 섭취량에 다다랐다. 그 뒤로는 세 집단 모두 단백질과 탄수화물이 동일하게 혼합된 비율로 먹었다. 120시간이 지나 실험을 끝낼 때까지 말이다.

이 결과가 말하는 것은 더할 나위 없이 명백했다. 각 바퀴벌레는 우리가 강요한 불균형을 바로잡는 데 필요한 만큼 영양소를 섭취했고, 불균형을 바로잡은 뒤에는 모든 개체가 똑같은 식단을 골랐다. 균형 잡힌 영양 상태가 유지되도록 말이다. 당시에는 영양학적 지혜라는 말이 유행했다. 그런데 우리가 본 것은 영양학적 천재성이었다. 바퀴벌레는 영양소 추적 미사일처럼 행동했다.

그 직후 스티븐은 과학계를 떠나 종교인의 길로 들어섰다. 우리는 리처드 도킨스에게 아직 말하지 않았다.

바퀴벌레 덕분에 우리는 영양 균형 잡기가 몇몇 종에 국한된 비밀 능력이 아님을 더욱 확신하게 되었다. 그러나 이 흥미롭지만 불쾌한 동물에게 관심을 갖는 사람은 주로 해충 방역 분야 연구자들뿐이었다. 자연에서 영양 균형 잡기가 일반적인 것인지 알아보려면, 이제 영양 섭취를 균형 있게 하지 않는다고 널리 믿어지는 종을 살펴보아야 했다.

포식자야말로 완벽한 대상이었다. 섭식 이론에 따르면, 이런 동물은 영양소 섭취 균형을 잡겠다고 선택적으로 먹이를 골라 먹을 필요가 전혀 없었다. 포식자의 먹이, 즉 다른 동물의 몸에는 먹이 동물이 먹은 영양소들이 균형 있게 들어 있다고 보았기 때문이다(〈우리는 자신이 먹은 것이다〉라는 격언이 글자 그대로 진리라고 보는 셈이다). 그 결과, 과학자들은 포식자가 전혀 힘들이지 않고서도 적절히 균형을 이룬 식단을 접하는 반면, 두 종류 이상의 먹이를 먹는 우리 같은 동물들은 균형을 이루려면 더 노력해야 할 것이라고 믿게 되었다.

이 믿음이 옳다면, 우리의 영양 균형 잡기 이론에 명백하게 이의를 제기하는 것이 된다. 즉 다른 동물을 먹어서 영양을 얻는 아주 많은 동물에게는 우리 이론이 적용되지 않으리라는 것이다.

우리는 실제로 그러한지 검증해야 했다. 데이비드가 젊은 덴마크 연구자 데이비드 마인츠의 박사 논문을 심사할 때 완벽한 기회가 찾아왔다. 연구 대상은 거미였다.

심사 과정은 매우 흥미로웠다. 데이비드 자신도 옥스퍼드 대학교에서 박사 논문 심사를 받을 때 꽤 고생했다. 몇 명으로 구성된 심사관들과 무려 5시간 동안 열띤 논쟁과 토론을 벌였다. 그런 뒤에야 논문을 통과시킬지 여부를 결정했다. 이 일을 종합 격투기 경기에 비유한다면(어느 정도 그런 면이 있다), 덴마크 학생의 박사 논문 심사는 프로레슬링 경기에 더 가까웠다. 심사 때 논문 제출자는 방 앞쪽에 심사관들과 앉는다. 이 사례에서는 강단 위다. 대개 가족과 친구를 비롯한 관중이 그들을 지켜보고 있다. 이 시점에는 이미 논문을 통과시킬지 여부가 결정 나 있으며, 질문의 주된 목적은 일종의 여흥을 위해서다. 제출자에게 전문 지식을 드러내고 자신이 연구한 주제에 관해 탁월하게 논쟁을 펼칠 기회를 주기 위해서다.

데이비드 마인츠는 박사 학위를 받자 옥스퍼드로 와서 우리와 함께 영양 기하학을 포식자에게 적용하는 연구를 했다. 우리는 스티븐 존스가 바퀴벌레에게 했던 것과 비슷한 실험을 고안했다. 한순간 천재성을 드러내면서 데이비드 마인츠는 포식자를 1종이 아니라 3종을 대상으로 조사하자고 했다. 각기 다른 사냥 전략을 지닌 포식자들 말이다. 그러면 우리 이론을 아주 엄밀하게 검증할 터였다.

첫 번째 종은 딱정벌레였다. 딱정벌레는 바퀴벌레가 먹이를 찾으러 다니는 것과 거의 동일한 방식으로 먹이를 찾아 환경을 돌아다닌다. 적어도 이론상 야생의 딱정벌레는 잡아먹을 먹이를 고를 수 있다.

두 번째 종은 늑대거미였다. 딱정벌레처럼 이 종도 돌아다닌다. 그러나 먹이를 찾아다니기보다는 한 곳에서 먹이가 다가오기를 기다린다.

세 번째 종은 가장 덜 움직였다. 거미집을 짓는 거미였다. 먹이를 가둘 덫을 만드는 거미였다.

우리는 포식자가 양분 섭취 균형을 잡는다면, 많이 돌아다니는 딱정벌레, 즉 다양한 종류의 먹이와 마주칠 기회가 많은 종이 균형 있는 식단을 꾸릴 가능성이 가장 높을 것이라고 추론했다. 거미집을 짓는 거미는 어느 먹이가 걸릴지 선택할 수 있는 여지가 거의 없으므로, 균형 있는 식단을 꾸릴 가능성이 가장 낮을 것이다. 한 자리에서 기다리는 포식자는 그 중간에 놓일 것이다. 어느 먹이가 다가올지에 영향을 미칠 여지가 거의 없긴 하지만, 사냥 장소를 쉽게 옮길 수 있어 그 기회에 영향을 미치기 때문이다.

우리는 각 종의 생태를 감안한 맞춤 실험을 했다. 이동하는 딱정벌레에게는 바퀴벌레 실험에서처럼 뷔페를 제공하는 방식으로 조사했다. 즉 여러 가지 먹이를 함께 주고 고를 수 있도록 했다. 야생에서 거미집을 짓는 거미는 어떤 먹이가 덫에 걸리든 간에 그 먹이를 먹을 수밖에 없다. 따라서 우리 실험에서도 먹이를 고를 수 있도록 하는 대신에, 각 거미에게 지방이든 단백질이든 몸에 부족한 영양소가 많거나 적게든 한 가지 먹이를 제공한 뒤, 거미가 어떻게 반응하는지 측정했다. 거미집을 짓는 거미처럼, 자연에서 먹이를 기다렸다가 잡는 포식자도 매복 장소를 고를 수 있지만, 덮칠 수 있는 거리 이내로 어떤 먹이가 들어올지 여부에는 영향을 끼치지 못한다. 그래서 그들에게도 몸에 부족한 영양소가 많이 들어 있거나 적게 들어 있는 한 가지 먹이만 제공하면서 실험했다.

(여기서 궁금증이 생길 수도 있을 것이다. 지방과 단백질의 균형을 달리한 먹이들을 어떻게 준비하는 거지? 우리가 연구실에서 먹이/파리를 키울 때 집단별로 서로 다른 사료를 제공하기 때문이다. 어떤 사료는 파리를 살찌게 하며, 이 통통한 파리는 포식자에게 지방이 많은 먹이가 된다. 반면에 저지방 고단백 사료를 먹은 파리는 날씬한 모습으로 자란다.)

돌아다니는 딱정벌레는 바퀴벌레와 매우 비슷하게 행동했다. 앞서 저지방 먹이만 먹어야 했던 딱정벌레는 고지방 먹이를 골라 먹었고, 앞서 저단백질 먹이만 먹어야 했던 개체는 고단백질 먹이를 골라 먹었다. 가만히 기다리는 포식자는 제공된 먹이들을 성분 조성을 토대로 양을 달리해 먹음으로써 영양소를 취사선택했다. 지방이 부족한 개체는 살진 먹이를 더 많이 먹었고, 단백질이 부족한 개체는 날씬한 먹이를 더 많이 먹었다.

가장 놀라운 모습을 보인 쪽은 거미집을 짓는 거미였다. 이 거미는 여러 소화 효소 혼합물을 먹이에 주입한 뒤, 소화되어 녹은 영양소를 빨아먹고 껍데기를 버리는 방식으로 먹는다. 버려지는 부위를 조사했더니 포식자에게 가장 필요한 영양소가 특히 다 빠져나가고 없었다. 이는 거미가 가장 필요로 하는 영양소를 더 얻을 수 있도록 먹이에 주입하는 효소 혼합물의 성분을 조정할 수 있음을 시사한다.

데이비드 마인츠의 실험은 세 포식자 모두 균형 있게 영양소 섭취를 할 뿐 아니라, 그 방식이 섭식 전략에 따라 달라진다는 것도 보여 주었다. 여러 먹이를 놓고 고르는 종도 있었고, 특정한 먹이의 섭취량을 조절하는 종도 있었으며, 어떤 먹이를 잡든 상관없이 뽑아 먹는 영양소의 양을 선택적으로 조절하는 종도 있었다. 그러니 균형 있게 영양소 섭취를 하지 않는 동물 종을 상당히 많이 발견할 가능성이 점점 줄어드는 듯했다.

대개 사람들은 포식자라고 하면, 딱정벌레나 거미 같은 무척추동물이 아니라 사자, 호랑이, 상어같이 위엄 넘치는 동물을 떠올린다. 그들도 영양소 섭취량이 정확히 균형을 이루도록 세심하게 먹이를 섞어서 먹을까? 사자나 상어가 먹이의 체성분을 평가한다는 생각이 터무니없게 느껴지지만, 최근 우리가 진행한 연구들은 놀라운 결과들을 내놓았다.

우리가 인간을 잡아먹는 동물들을 대상으로 메뚜기 실험 같은 것을 할 수 있다는 생각은 더욱 터무니없어 보였다. 다행히 우리 중 상당수는 실험자를 먹을 가능성이 다소 낮은 포식자들과 집을 함께 쓴다.

한 유명한 반려동물 사료 기업 연구원인 에이드리언 휴슨휴스와 만났을 때, 우리는 새로운 기회를 얻었다. 에이드리언은 우리 연구를 우연히 접한 뒤, 기르는 고양이와 개에게도 적용해 볼 수 있지 않을까 생각했다. 에이드리언과 우리의 관심을 끄는 실용적 사례일 뿐 아니라, 〈척추동물 포식자가 균형 잡힌 식사를 하는가?〉라는 질문에 답할 아주 좋은 기회였다.

첫 기회가 생겼을 때 우리는 에이드리언 연구진을 방문해 이론을 검증할 기하학 실험을 설계하는 일을 도왔다. 실험을 끝내기까지 몇 년이 걸렸지만, 결과는 기다릴 만한 가치가 충분했다. 우리는 모든 사례에서 영양 균형이 반려동물의 먹이 선택과 섭식 행동의 가장 강력한 결정 요인임을 발견했다. 또 우리는 이런 종들 사이에서 진화 역사와 관련된 몇 가지 흥미로운 차이점도 찾아냈다.

고양이는 단백질에서 에너지의 52퍼센트를 얻는 식단을 선택했다. 기르는 고양이의 조상과 늑대를 포함한 야생 포식자들에게서 볼 수 있는 전형적인 값이다. 개는 우리가 연구한 다섯 가지 혈통 모두 단백질이 25~35퍼센트인 식단만을 선택했다. 개의 조상인 늑대의 식단보다 훨씬 낮고, 잡식 동물의 식단에 훨씬 더 가까웠다. 이는 길들임 과정에서 개가 고양이보다 훨씬 더 많이 변형되었음을 시사한다.

이유는? 몇 년 뒤 데이비드는 가장 가능성 높은 이유를 목격했다.

그가 보르네오섬 습지림에 있는 투아난 연구소에서 야생 오랑우탄을 연구하고 있을 때였다. 연구소에는 고양이와 개도 있었다. 투아난은 휴가 때 갈 만한 곳이 결코 아니다(9장에서 자세히 이야기하련다). 그곳에 있는 모든 이처럼 두 종도 각자 하는 일이 있었다. 고양이는 소중한 식량을 먹어 치우는 쥐를 잡고, 개는 표범 같은 야생 동물이 접근하면 연구자에게 알렸다.

데이비드는 이 일하는 동물들에게서 두 가지 중요한 점을 간파했다. 첫 번째는 그가 잘 알지 못했다면 부당하다고 느꼈을 수도 있는 것이었다. 연구소에서 개에게만 먹이를 준다는 사실이었다. 고양이는 알아서 살아가도록 놔두었다. 그 결과, 고양이는 쥐를 더 잘 잡았다.

두 번째는 개에게 먹이는 사료였다. 연구소는 극도로 오지에 있었다. 비포장도로를 몇 시간 동안 달린 뒤, 커다란 동력 보트를 타고 숲 사이로 흐르는 강을 따라 몇 시간 더 올라가야 했다. 조지프 콘래드가 『어둠의 심연』에서 묘사한 숲과 흡사한 분위기를 풍기는 곳이었다. 배의 요금도 비쌌다. 승객들은 서로 몸을 맞대야 할 정도로 비좁게 꽉꽉 들어찼고, 남은 공간에는 귀한 보급품과 연구 장비가 빼곡히 채워졌다.

그러니 맛 좋은 개 사료가 든 깡통이나 포대를 싣는다는 것은 불가능했고, 연구소로 운반되는 개 사료도 전혀 없었다. 개는 〈개 사료〉가 발명되기 전, 아니 농경이 발명되기 전 개의 조상들이 길들어 있던 먹이와 같은 것을 먹었다. 바로 사람이 먹고 남기는 음식물 말이다.

그리고 바로 이 점이 기르는 고양이와 개가 서로 다른 다량 영양소 혼합물을 선호하게 된 이유일 가능성이 높다. 고양이는 더 작고 설치류의 수를 줄이는 능력에 힘입어서 진화하고 길드는 내내 먹이를 사냥해 잡아먹는 일을 계속했다. 몸집이 더 크고 중요하게 여겨져 아마 더 일찍부터 길들였을 개는 인간과 가축의 안전을 위해 늑대일 때의 유명한 사냥 성향이 제거되는 쪽으로 교배가 이루어졌다. 대신에 개는 우리가 남긴 음식물에 의존해야 했는데, 그런 음식물에는 통상적인 육식 동물의 먹이보다 탄수화물과 지방 함량이 훨씬 높았다. 그 결과 개는 주인인 우리 잡식 동물과 더 비슷해지는 쪽으로 영양소를 섭취하게 되었다.

개의 식단 전환이 빚어낸 또 한 가지 결과는 개가 아밀라아제(녹말을 소화하는 효소)를 생산하는 유전자의 수가 늘어나는 쪽으로 진화하면서, 다른 육식 동물들보다 녹말을 더 효율적으로 소화하는 능력을 갖추게 되었다. 10장에서 살펴보겠지만, 시간이 흐르면서 사람도 곡류 같은 녹말이 많은 작물을 재배함에 따라 비슷한 진화적 변화를 겪었다. 이는 공유하는 환경(이 사례에서는 경작을 통해 탄수화물이 풍부해진 세계)이 어떻게 서로 다른 종들에게서 비슷한 변화를 일으킬 수 있는지 보여 준다. 이 과정을 수렴 진화라고 한다. 우리 개는 점점 더 인간다워졌다.

그러나 개가 식단에서 얻는 다량 영양소들의 비율이 정확히 정해져 있다고 해도, 우리가 조사한 몇몇 개 품종은 식사 때 그보다 더 많이 먹었다. 사실 그들은 필요한 양이라고 우리가 계산한 값보다 훨씬 더 많이 열량을 섭취했다. 래브라도 품종을 기르는 사람은 그 개가 필요한 양보다 거의 두 배나 더 먹는다고 말해도 놀라지 않을 것이다. 그들의 늑대 조상이 이따금 잡은 먹이를 무리의 개체들과 경쟁하면서 배불리 먹은 뒤 오랜 기간 먹지 못하고 지내곤 하는 〈성찬과 기근〉 생활 습성에 적응해 있다는 것이 진화적 이유일 가능성이 있다. 그러나 우리 이야기 맥락에서 보면, 거기에는 한 가지 중요한 메시지가 담겨 있다. 대식가조차 균형 있게 영양 섭취를 하는 것이 틀림없다는 것이다.

우리는 포식자에게서 관찰한 인상적인 영양 균형 잡기로부터 중요한 무언가를 배웠지만, 그들은 우리에게 생각할 거리도 안겨 주는 듯했다. 주류 섭식 이론은 먹이 동물의 조직이 이미 영양소 균형을 이루고 있어 육식 동물이 필요한 것을 충족시킬 수 있으므로, 포식자가 영양소 섭취 균형을 잡으려고 애쓸 필요가 전혀 없다고 예측했다. 그렇다면 포식자가 영양소 섭취 균형을 잡기 위해 먹이를 골라 먹는 이유는 무엇일까? 그들은 우리가 초식 동물과 잡식 동물에게서 보았던 것과 거의 동일한 방식으로 행동했다.

그래서 우리는 깨달았다. 원래의 전제가 틀렸다는 것을.

섭식 이론은 동물의 체성분이 일정하다고 가정한다는 점에서 틀렸다. 우리는 식단, 계절, 건강 등 많은 요인에 따라 체성분이 사실상 아주 크게 달라진다는 것을 깨달았다. 우리는 위에서 그런 사례를 하나 살펴보았다. 데이비드 마인츠의 실험에서는 파리의 식단을 바꿈으로써, 거미에게 줄 살진 파리와 여윈 파리를 만들 수 있었다. 또 우리 종의 체지방률도 생각해 보라. 올림픽 선수에게서는 체중의 2퍼센트에 불과하지만, 비만인 사람에게서는 50퍼센트를 넘기도 한다. 말린 제비콩을 버터밀크와 마요네즈를 섞은 기름진 드레싱과 비교하는 것이나 다를 바 없다. 한 종에서도 그렇게 차이가 난다!

더욱 중요한 점은 어느 한 가지 식단 조성이 포식자의 생애 전체에 걸쳐 최적일 리가 없다는 것이다. 모든 동물이 그렇듯이, 포식자의 영양소 욕구도 아직 성장 중인지 다 성장해 번식하는 중인지, 건강한지 병들었는지, 나이가 적은지 많은지, 활동적인지 잘 움직이지 않는지 등에 따라 달라지기 때문이다. 그러므로 초식 동물과 잡식 동물처럼 포식자도 그때그때 상황에 맞추어 식단을 최적화하기 위해 선택적으로 먹으며, 먹이가 아주 다양하면 그럴 기회도 많다.

이 점은 우리가 데이비드 마인츠와 함께한 다른 연구를 통해서도 드러났다. 처음에 거미와 함께 실험했던 바로 그 딱정벌레 종을 대상으로 한 연구였는데, 약간 변화를 주었다. 데이비드는 야외로 나가 덴마크의 추운 겨울 동안 긴 겨울잠을 자고 막 깨어난 딱정벌레들을 채집해 연구실로 가져왔다.

딱정벌레들은 겨울잠을 자는 동안 아무것도 먹지 않고 오로지 미리 몸에 저장해 둔 지방으로 버틴다. 따라서 채집 당시에는 깡마른 상태이고, 시급히 살을 찌울 필요가 있다. 우리는 이런 상황이 그들의 먹이 선택에 영향을 미칠지 알고 싶었다.

처음에 그들은 지방이 풍부한 먹이를 골랐다. 몸에 저장되는 지방이 늘어나자 서서히 지방 섭취량을 줄이고 단백질을 더 많이 먹었다. 이는 결코 우연의 일치가 아니었다. 그때쯤 이들은 번식 준비를 하고 있었고, 곤충의 번식 과정에는 단백질이 많이 필요하다.

물론 이 연구 결과는 이 딱정벌레에게 단일한 균형 잡힌 식단 같은 것이 없음을 말해 준다. 한살이를 거치는 동안 영양소 욕구가 계속 달라지기 때문이다. 영양소 선택은 동물의 활동 수준까지 바꾼다. 우리와 함께 일한 또 다른 학생 루이즈 퍼스는 메뚜기들을 시간을 달리하면서 비행시켰는데, 가장 오래 난 메뚜기가 단백질보다 탄수화물 함량이 더 많이 든 먹이를 고른다는 것을 알아냈다. 바로 탄수화물이 비행 연료로 쓰였기 때문이다.

따라서 포식자를 포함한 (거의) 모든 동물에게서 섭식은 흔들거리는 총구로 움직이는 표적을 겨냥하는 과정이다. 협력해 안정시킬 특수한 메커니즘(식욕들의 상호 작용이라는 형태의)이 있어야 성공의 희망이라도 품을 수 있다. 예외 사례는 거의 없을 것이다. 아주 특수한 경우에만 한정될 것이다.

한 가지 예외 사례가 있긴 하다. 동물의 모든 영양소 욕구를 충족시키도록 특수하게 고안된 먹이다. 바로 포유동물의 젖이다. 특히 흥미로운 동물은 오스트레일리아의 타마왈라비다. 이 종의 새끼는 어미의 배에 있는 주머니 안에서 자라며, 따라서 젖 말고 다른 먹이를 먹을 기회가 전혀 없다. 그러나 젖이라는 한 가지 이름으로 불리지만, 실제로 젖은 한 가지 먹이가 아니다. 왈라비 어미의 젖은 시간이 흐르면서 조성에 복잡한 변화가 일어난다. 새끼의 발달 단계에 맞추어 영양소 배합 비율이 달라진다. 이를테면 뇌, 허파, 발톱, 털의 성장에 맞게 쓰일 수 있도록 아미노산들의 배합 비율이 달라진다. 게다가 왈라비 암컷의 주머니에는 나이가 서로 다른 새끼 두 마리가 함께 들어 있기도 한다. 그럴 때 새끼는 각자 다른 젖꼭지를 핥으며, 각 젖꼭지에서는 새끼의 나이에 맞게 영양소들이 배합되어 들어 있는 젖이 나온다. 우리는 그 새끼가 특권을 누리는 주머니를 떠나 스스로 먹이를 찾아 먹을 때는 다른 종들과 섭식 메커니즘에 전혀 차이가 없을 거라고 예측할 수 있다. 그들도 각 영양소에 맞춘 식욕을 갖추어야 한다.

우리는 처음의 질문에 답했다. 영양소 균형 잡기가 동물 종들에게 널리 퍼져 있으며, 예외적 현상이 아니라는 것이다. 우리 실험은 기르는 동물이든 야생에서 살아가는 동물이든 간에 초식 동물, 잡식 동물, 육식 동물 모두 그런 행동을 한다는 것을 보여 주었고, 우리는 그 이유를 설명하기 위해 섭식 이론을 재고하기에 이르렀다.

그러나 야생에서 동물을 관찰하는 습관을 지닌 생물학자이기에, 우리는 자연이 친절하게도 영양학적으로 균형 잡힌 식단의 풍성하고 다양한 먹이를 충분히 제공하는 일은 아주 특정한 상황에서만 일어난다는 것을 알아차렸다. 현실 세계에서는 동물이 모든 영양소를 알맞은 양으로 먹기 불가능할 때가 많다. 그런 불균형이 너무나 흔하기에, 우리는 동물이 차선책을 지녀야 할 거라고 추정했다. 동물의 식욕 체계가 원하는 영양소를 얻기 불가능할 때 대처할 방법을 지녀야 할 거라는 의미다. 한 가지를 너무 많이 먹고 다른 것들을 아주 적게 먹음으로써 절충하고 균형을 잡는 데 도움을 줄 수단이 필요할 것이다.

우리가 메뚜기 실험에서 답을 얻고자 한 것이 바로 그 질문이었다. 자연이 메뚜기를 위해 마련한 차선책은 무엇일까? 답은 메뚜기들이 궁극적으로 다른 영양소들보다 단백질을 우선시했으며, 발달을 지체하면서까지 단백질의 목표 섭취량에 다다르기 위해 애쓰고, 이윽고 그 목표에 다다를 때면 다른 영양소들을 너무 많이 섭취해 비만이 되기도 한다는 것이다. 우리는 궁금해졌다. 인간의 차선책은 무엇일까? 우리가 아는 한, 이 질문에 답하기는커녕 이 질문을 한 사람조차 없었다. 그래서 우리는 답을 찾아보기로 결심했다. 그리고 그 뒤 일어난 일들이 향후 우리 연구의 방향을 결정했다.

5장 요약

1. 바퀴벌레에서 고양이에 이르기까지 가장 그럴 것 같지 않은 동물 종들조차 영양소 추적 미사일처럼 다수의 식욕을 써서 균형 잡힌 식단을 구성할 수 있다.

2. 그러나 3장에서 살펴보았듯이, 식단이 불균형한 상태일 때 이 식욕들은 서로 경쟁한다. 그리고 메뚜기의 사례에서는 단백질 식욕이 경쟁에서 이긴다.

3. 사람은 어떨까?

6장
단백질 지렛대 가설

2001년 어느 날, 레이철 배틀리라는 대학생이 스티븐의 교수실 문을 두드렸다. 「우등 연구 과제를 무엇으로 하면 좋을지 알아보는 중입니다. 사람을 대상으로 한 것이면 좋겠고요.」

별난 요청이었다. 우등 과제를 찾고 있다는 점을 말하는 것이 아니었다. 옥스퍼드 대학교 동물학 학사 학위를 받으려면 필수적으로 해야 하는 과제였으니까. 곤충, 오소리 등 동물학에 더 어울리는 대상이 아니라 인간이라는 동물을 연구하고 싶다는 말이 그랬다.

이런 연구 과제를 사람을 대상으로 한다면 고생하기 마련이니까.

스티븐은 대답했다. 「음, 그래. 마침 우리가 한 메뚜기 실험을 사람을 대상으로 해보고 싶었는데…….」

메뚜기 실험 결과가 우아할 만치 단순했기에 우리는 그런 실험을 줄곧 생각하고 있었다. 더 구체적으로 말해 우리 인간이 자신이 믿고 싶어 하는 것처럼 정말로 메뚜기와 다르고 훨씬 더 복잡한지, 또는 자유 의지와 문화적 허세를 걷어 내면 우리가 메뚜기와 별다를 바 없는지 알고 싶었다. 즉 무엇을 얼마나 먹을지가 고대로부터 내려온 몇 가지 강력한 충동에 따라 결정되는 것인지 말이다. 그리고 다량 영양소 식욕이 가장 기본적인 생물학적 힘에 속한다면, 또 다른 질문이 제기된다. 흔히 말하듯이, 지방이나 탄수화물이 비만 증가 추세의 주된 범인일까? 아무튼 세계적 비만 유행을 촉진한 열량 섭취량 증가는 분명히 단백질이 아니라 지방과 탄수화물을 더 먹는 쪽이었다. 단백질 섭취량은 수십 년 동안 그다지 변함이 없었다.

그러나 사람들이 무엇을 먹는지 정확한 기록을 얻으려는 시도는 인간의 영양학 연구가 시작된 이래 계속 그 분야의 골칫거리가 되어 왔다. 연구 대부분은 지난 며칠 동안 무엇을 먹었다고 실험 대상자가 스스로 보고하는 자료에 의지해 왔다. 문제는 우리가 잘 잊어 먹는다는 사실이다. 또 우리는 남들에게 못지않게 자기 자신도 속이고 거짓말을 한다. 영양학자 존 드 카스트로의 이야기도 그것이다. 그는 실험 대상자에게 식사할 때마다 사진을 찍으라고 함으로써 그 문제를 해결했다고 생각했다. 사진을 기억 보조 수단으로 삼으면 음식 설문지를 더 정확히 채우는 데 도움이 될 것이라고 보았다. 즉 잘못 적을 여지를 아예 없앨 수 있다고 생각했다.

그러나 그 생각은 틀렸음이 드러났다. 그는 그것을 〈빠뜨린 브라우니〉 효과라고 불렀다. 사진에 열량 가득한 온갖 맛 좋은 음식이 있었음에도, 실험 참가자는 음식을 적는 스프레드시트에 초콜릿 브라우니를 적지 않았다. 바로 옆 쟁반에 놓인 과일, 채소, 닭고기는 모두 제대로 적었음에도 말이다.

그러니 식단 회고에 기대기보다는 사람을 메뚜기처럼 대하는 편이 더 정확할 듯했다. 즉 장기간 격리한 채 한 가지 무미건조한 실험용 음식만 먹이는 것이다. 그러면 분명히 음식 섭취량을 신뢰할 수 있게 되겠지만, 실험에 참가하겠다고 연구실 문을 두드릴 자원자를 찾기 어려울 것이다.

다행히도 레이철은 놀라운 해결책을 내놓았다. 그녀의 집안은 스위스 알프스산맥에 외딴 별장을 소유하고 있었다. 지내기 좋으면서, 슈퍼나 술집으로부터 아주 멀리 떨어진 곳이었다. 그녀는 친구와 가족 10명을 모아 일주일 동안 그곳에서 머물렀다. 카페인, 술, 초콜릿도 없이 지내는 인간 메뚜기가 되었다.

실험은 이런 식으로 진행되었다. 처음 이틀 동안 참가자들은 고기, 생선, 달걀, 유제품, 빵, 과일, 채소 등이 있는 뷔페에서 원하는 음식을 원하는 만큼 먹었다. 어느 음식을 얼마나 먹었는지 하나하나 무게를 쟀고, 음식 성분표를 써서 각 음식에 단백질, 탄수화물, 지방이 얼마나 들었는지 계산했다. 각자 먹은 음식과 간식을 모조리 기록했다.

그리고 3~4일째에는 참가자들을 두 집단으로 나누고, 선택의 여지를 좁혔다. 한 집단에는 고단백 뷔페를 제공했다. 고기와 생선, 달걀, 저지방 유제품, 소량의 과일과 채소로 이루어진 식단이었다. 다른 집단에는 단백질이 적고 탄수화물과 지방이 많은 음식을 제공했다. 고기, 생선, 달걀이 적고 파스타, 빵, 곡류가 많으며 디저트까지 있었다. 이번에도 모든 실험 대상자는 원하는 만큼 먹었고, 먹은 열량과 다량 영양소의 양을 기록했다. 우리가 메뚜기, 거미, 바퀴벌레 등의 동물을 대상으로 했던 것과 똑같았다.

그런 뒤 다시 이틀 동안 원래의 뷔페 식단으로 돌아가서 원하는 음식을 양껏 먹을 수 있도록 했다. 과제를 마친 이들은 다시 일상으로 돌아갔다. 한편 우리는 쏟아져 나오는 측정값들을 분석해야 했다. 우리도 좀 머리를 비울 시간이 필요했는데, 옥스퍼드 대학교에서 매일 바쁘게 해야 하는 연구 때문에 쉽지 않았다.

2002년 7월, 우리는 베를린에 있는 고등 학술 연구소의 연구원으로 뽑혀 1년 동안 가족과 함께 베를린으로 향했다. 해마다 연구소 이사회는 전 세계에서 다양한 분야의 연구자 40명을 초청해 함께 어울려 지내도록 한다. 그해에는 작가와 작곡가, 생물학자, 정치경제학자, 철학자, 민속지학자 등이 모였다. 그중 헝가리 작가 임레 케르테스는 그해 10월 노벨 문학상을 받았다(우리는 수상에 아무런 기여도 하지 않았지만 기꺼이 축하했다).

야페 빌라에 있는, 우리가 연구실로 삼은 곳에서는 예전에도 인간 본성의 동물학적 측면을 연구한 바 있었다. 이곳은 제2차 세계 대전 때 나치가 뉘른베르크 법을 토대로 강탈해 헤르만 괴링의 독일 사냥 협회 본부로 썼다. 전후에는 단추 공장이 들어섰다가 당시 이스라엘에 거주하고 있던 이전 소유주 집안에 반환되었다.

그해에 우리는 스위스 별장 연구 결과를 깊이 살펴보기 시작했다. 우리는 실험 첫 단계에서 원하는 음식을 고를 수 있도록 했을 때는 참가자들이 꽤 정확히 예상되는 만큼의 열량을 섭취했다는 것을 알았다. 단백질을 약 18퍼센트 비율로 먹었는데, 사람이 먹을 것으로 예상되는 비율에 딱 들어맞았다. 전 세계에서 사람들을 대상으로 한 연구들에서 대개 15~20퍼센트라는 값이 나왔기 때문이다. 말이 난 김에 덧붙이자면, 이는 캘리가 개코원숭이 스텔라를 30일 동안 관찰해 얻은 다량 영양소 비율과 아주 비슷하다. 그때는 단백질이 17퍼센트였다.

놀랍게도, 실험 2단계에서 참가자들을 고단백 식단 집단과 고탄고지 집단으로 나누었을 때도, 자유롭게 먹도록 했으나 모든 사람이 단백질 섭취량을 비슷한 수준으로 유지했다. 고탄고지 식단 집단은 목표 단백질 섭취량에 다다르기 위해서 총열량을 35퍼센트 더 섭취해야 했다. 반면에 고단백 식단 집단은 전보다 열량을 38퍼센트 덜 섭취했다.

분명히 우리 대학생들은 우리의 메뚜기와 똑같이 반응했다. 즉 단백질 식욕이 식품 총섭취량을 결정하는 듯했다.

그러나 우리는 이것이 답이 아니라 제안에 불과하다는 것을 잘 알고 있었다. 인간은 복잡하며 수가 많고 다양하기에, 우리가 한 일은 그저 소규모 대학생들이 통제된 환경에서 특정한 방식으로 먹는다는 것을 보여 주었을 뿐이다. 이 결과를 인간과 메뚜기의 섭식 성향이 유사하다는 것이 아닌 다른 식으로 설명할 수도 있지 않을까?

예를 들어, 우리는 실험 참가자들이 그 전에 어떻게 먹었는지 조사하지 않았다. 우연히도 우리가 나눈 두 집단이 애초에 서로 다른 식습관을 지녔을 수도 있지 않을까? 또 플라스틱 상자에 각자 격리되어 있던 메뚜기와 달리, 학생들은 고도로 사회적인 환경에서 음식을 먹었다. 즉 친구들의 음식 선택에 영향을 받기 쉬웠다. 그리고 동물은 원할 때면 언제나 먹는 것을 그만두지만, 우리 인간은 예의 때문이든 음식물 쓰레기를 남기고 싶지 않다는 마음 때문이든 간에 접시에 담긴 것을 말끔히 다 먹어야 한다는 느낌을 받곤 한다. 그런 느낌에 학술 용어도 붙어 있다. 다 먹기 강박이라고 한다.

나름 결함이 있다고 할지라도, 레이철의 실험은 몇 가지 매우 흥분되는 결과를 제공했다. 메뚜기와 사람의 행동이 비슷하다는 점을 고려할 때, 우리는 이제 다음과 같은 가설을 세워도 좋겠다고 확신이 들었다.

단백질이 부족하지만 에너지가 풍부한 식품 환경에서, 인간은 단백질 목표에 다다르기 위해 탄수화물과 지방을 과식할 것이다. 그러나 단백질 함량이 높은 식품만 있을 때, 인간은 탄수화물과 지방을 덜 섭취할 것이다.

이 가설은 엄청난 의미를 지녔다. 활동을 통한 열량 소비량 변화가 전혀 없다고 가정할 때, 고탄고지 식단은 이윽고 체중 증가로 이어질 것이고, 고단백 식단은 체중 감소로 이어질 것이다. 각 개인의 상황에 따라서, 양쪽 결과 중 어느 한쪽이 바람직할 수 있다. 그러나 어느 쪽이든 간에, 모든 사례에서 가장 우선시되는 것은 단백질 목표량을 섭취하는 것인 듯했다. 너무 적게도 말고 너무 많이도 말고 적당히. 즉 단백질이 우리가 먹는 다른 모든 것의 양을 정하는 힘을 지니고 있었다.

후속 연구들도 이런 발견이 옳다고 뒷받침한다면, 매우 중요한 몇몇 문제를 완전히 새롭고도 대단히 혁신적인 방향에서 접근할 수 있음을 의미하게 된다. 최근 수십 년 사이 세계 대다수 지역에서 유행병 수준으로 비만과 그에 수반되는 심각한 질병이 급증한 이유는 무엇일까?

이 새로운 비만 유행을 일으킨 원인을 연구하는 이들은 대부분 최근까지, 사람의 식단에서 열량 과잉을 일으키는 두 다량영양소에 초점을 맞추었다. 바로 탄수화물과 지방 말이다. 단백질은 우리 총열량 섭취량의 약 15퍼센트만 차지하며, 그 섭취량은 전 세계 집단에서 수십 년 동안 거의 변하지 않았다(적어도 식량을 안정적으로 접하는 이들에게서). 그 기간에 단백질 함유 식품의 소비 양상이 크게 변한 것은 분명하다. 어떤 나라에서는 경제 발전으로 적색육 수요가 증가했고, 서구 국가들에서는 가금류 사육의 산업화로 생산량이 증가하는 등의 변화가 일어나면서다. 그러나 식물성이든 동물성이든 간에 사람이 먹는 모든 음식의 단백질 총량은 수십 년 동안 전 세계 모든 인류 집단에서 매우 안정적으로 유지되었다.

놀라운 일도 아니겠지만, 대다수 공중 보건 전문가들은 이 모든 자료를 토대로 단백질이 비만 유행에 기여하지 않았다고 본다. 어쨌거나 세계의 허리둘레 증가에 기여한 열량 과잉 섭취는 지방과 탄수화물 탓이라는 것이다.

그러나 우리의 메뚜기 연구와 그 뒤의 사람 연구는 다른 설명을 제시했다. 단백질 섭취량의 항상성이야말로 비만 유행의 원인이었다. 그리고 그 점은 더 상세히 조사할 필요가 있었다.

점점 더 지방과 탄수화물 위주의 식량 공급이 이루어지는 세계에서 우리의 단백질 식욕이 목표 섭취량을 유지하려고 시도함으로써 열량 과잉 섭취를 이끈 것은 아닐까?

유엔 식량 농업 기구의 영양소 가용성 데이터베이스(소비량과 동일하지는 않지만 충분히 비슷하다)를 보면, 1961년부터 2000년까지 미국의 평균 식단 조성이 대폭 변했음을 알 수 있다. 단백질 비율이 14퍼센트에서 12.5퍼센트로 떨어졌다. 물론 다른 다량 영양소인 지방과 탄수화물은 비율이 더 높아졌다. 이 변화를 고려할 때, 미국인들이 단백질 목표 섭취량을 유지할 수 있는 방법은 오로지 총열량 섭취량을 13퍼센트 늘리는 것밖에 없었다. 에너지(칼로리) 과잉과 그에 따른 체중 증가를 수반하면서다. 비록 아무도 주목하지 않고 있었지만, 실제로는 바로 그런 식으로 일이 전개되고 있었던 것이다.

우리는 2003년에 스위스 별장 실험 결과를 발표했고, 두 번째 논문의 초고를 쓰기 시작했다. 그 논문은 2년이 더 지난 뒤에야 발표되었다. 제목은 〈비만: 단백질 지렛대 가설〉이었다. 인간 영양학계는 두 논문에 불편한 기색이었고 받아들이려 하지 않았다.

2005년 스티븐은 케임브리지 대학교에서 강연을 했는데, 이어진 만찬장에서 그 분야의 한 나이 지긋한 학자가 자신이 우리의 단백질 지렛대 가설 논문을 동료 심사하면서 제동을 걸었다고 알려 주었다. 그는 그 이유를 우리에게 말하고 싶어 했다. 그는 왜 그랬을까? 그는 우리가 옳을 것이라고 믿긴 했지만, 인간 영양학 분야에 있는 자기 같은 과학자들이 그렇게 너무나 명백해 보이는 것을 오랫동안 놓치고 있었고, 두 명의 곤충 생물학자에게 패배했다는 사실을 인정하기가 너무나 어려웠다는 점을 이해해 달라고 했다.

우리는 그의 솔직한 말에 감동했다. 그런 관대함이야말로 최고의 과학자임을 알리는 증표다.

베를린에서 한 해를 보내고 옥스퍼드로 돌아올 때쯤 우리는 해방감을 느꼈다. 매일 같이 연구에 몰두하는 생활에서 벗어나 있었으니까. 물론 몇 달 지나지 않아, 우리는 다시 그런 갑갑함을 느끼기 시작했다. 그래서 다시 탈출했다. 데이비드는 뉴질랜드에 자리를 구했다. 스티븐은 시드니 대학교 오스트레일리아 연구 위원회 연맹 연구원으로 갔다. 해외에서 상당 기간 경력을 쌓은 오스트레일리아 과학자들을 돌아오게 할 목적으로 설치된 자리였다. 어떠한 연구 의무도 강요하지 않는 자리였다. 새롭고 흥분되는 연구 계획을 구상하라고 만든 직위였다. 천국이었다.

시드니 대학교에서 우리가 하고 싶었던 첫 연구 계획 중 하나는 스위스 별장 실험의 강화판이었다. 이번에는 이전 연구의 두 가지 불안정한 측면을 통제하고 싶었다. 첫 번째는 우리가 실험 식단의 입맛 차이를 고려하지 않았다는 것이다. 사람들이 고단백 음식이 입맛에 안 맞는다고 생각한다면, 당시 그들이 덜 먹은 이유가 그 때문일 수도 있지 않겠는가? 아니면 저단백 고탄고지 식단을 받은 사람들이 그 음식들을 너무나 좋아해서 실제로 원하는 것보다 더 많이 먹었을 수도 있지 않을까? 다시 말해, 일정한 단백질 섭취량이 그저 우연의 일치로 나타난 것일 수도 있지 않을까?

또는 식단의 자유 선택 단계와 제한 단계 사이의 섭취량 차이가 제공되는 식품의 가짓수 차이에서 비롯된 것이라면? 원하는 것을 다 먹는 단계에서는 제한한 단계에서보다 고를 수 있는 음식의 수가 두 배 많았다. 이 다양성 차이가 먹는 것에 영향을 미쳤을 수도 있지 않을까?

그래서 이번에는 음식의 수를 똑같이 하되 단백질 함량만 다르게 하고, 입맛에 맞는 음식을 고를 수 있도록 하고 싶었다. 과학 탐구가 이런 양상으로 진행되는 사례는 아주 많다. 중요할 수 있는 무언가가 일단 관찰되면, 그 현상이 진짜이며 다른 식으로 설명되지 않는다는 것을 확인하기 위해 새로운 실험을 고안하는 식으로 전개된다.

시드니 대학교에서의 연구는 영양학자 앨리슨 고스비의 도움을 받았다. 그녀는 솜씨 좋게 꼼꼼히 28가지 음식을 고안해 아침, 점심, 저녁, 간식용 식단을 짰다. 모든 음식은 총에너지(열량) 함량은 동일하면서 단백질이 10, 15, 25퍼센트 들어 있는 세 가지 형태로 준비했다. 실험 대상자들에게 미리 검사해서, 이 세 가지 형태의 음식들을 입맛에 맞추었다.

앨리슨은 건강하고 여윈 자원자 22명을 모집해서 소집단으로 나누어 4일씩 세 번에 걸쳐 실험을 했다. 자원자들은 대학교의 수면 연구 센터에서 호텔에 묵는 것처럼 지냈다. 자원자들은 매일 한 시간씩 산책을 했다. 몰래 빠져나가서 간식을 사 먹으려는 유혹에 빠질 때를 대비해 감시를 하면서였다. 실험 참가자들은 자신들이 매주 동일한 식단을 접한다고 생각했고, 우리는 실험이 무엇을 알아내기 위한 것인지 그들에게 알려 주지 않았다. 우리는 입맛, 에너지 밀도, 다양성, 가용성이라는 모든 기본 요소를 고려했다. 그러니 그들이 먹은 양의 차이는 음식의 단백질 함량 차이에서 비롯될 가능성이 매우 높았다. 참가자들은 스위스 별장 실험의 학생들처럼 행동해서 저단백질 식단을 먹을 때는 에너지를 더 섭취할까?

분명히 그랬다. 단백질 함량이 가장 낮은 식단으로 지낸 주에는 열량을 12퍼센트 더 섭취했다. 총열량 12퍼센트 증가는 세계의 비만 유행을 충분히 설명하고도 남는다. 우리는 현재 세계가 어떻게 먹는지 알려 줄 축소판 세계를 만들었는데, 똑같이 우려되는 결과를 얻었다.

홍미롭게도, 추가 열량의 대부분은 사람들이 식사를 더 함으로써가 아니라, 간식을 먹음으로써 얻었다. 우리는 달콤한 간식과 짭짤한 간식을 다 제공했고, 독자는 추가 열량이 전부 다 달콤한 간식에서 나왔을 것이라고 예상할지 모르겠다. 하지만 틀렸다. 섭취 열량 증가는 거의 전적으로 짭짤한 간식에서 나왔다. 다시 말해, 감칠맛이 나는 간식이었다. 앞서 식욕을 이야기할 때 언급했듯이, 감칠맛은 음식에 단백질이 들어 있다는 신호다. 우리 실험에서 고탄고지 저단백 식단을 먹은 이들은 단백질 같은 맛이 나지만 실제로는 고도로 가공된 탄수화물이 든 음식을 먹었다.

이어서 우리는 시드니 실험을 자메이카에서 재현할 기회를 얻었다. 당시 오클랜드에 있던 데이비드가 그곳 출신의 동료 교수 피터 글럭먼을 통해 서인도 제도 대학교의 테런스 포러스터 교수를 만난 덕분이었다.

2011년 데이비드는 박사 과정 학생인 클로디아 마르티네스 코르데로와 함께 킹스턴으로 가서 테런스와 그의 박사 과정 학생 클로디아 캠벨의 실험 설계를 도왔다. 그 실험은 시드니 실험과 대부분의 측면에서 동일했고, 한 가지만 달랐다. 우리는 메뚜기, 바퀴벌레 등의 동물들에게 했듯이 인간이 섭취량 목표를 선택하는지 여부도 살펴볼 계획이었는데, 실제로 목표를 설정한다면 다량 영양소들이 어떻게 조합된 것이 그 목표가 될까?

앨리슨은 나중에 열심히 만든 단백질 위장 요리법과 식단을 들고 자메이카로 향했다. 그런데 그곳 주민들은 그런 음식을 아예 손조차 대지 않았다.

전형적인 반응은 이러했다. 「이런 걸 아침에 먹는다고요? 왜 매일 똑같은 음식을 먹는 건데요?」

시드니 주민들에게는 완벽하게 받아들일 만한 음식들이 자메이카 전통 요리법에서는 용납할 수 없는 것이었다. 앨리슨은 다시 처음부터 새로운 요리들을 구상해야 했고, 그 일은 할 만한 가치가 있었다.

실험 참가자 63명은 처음 3일 동안 단백질 함량을 10, 15, 25퍼센트로 한 세 가지 유형의 식단으로부터 원하는 음식을 마음껏 골라 먹을 수 있었다. 다시 말해, 원한다면 단백질 함량이 10퍼센트인 요리와 25퍼센트인 요리를 섞어 먹을 수도 있었다. 그런데 참가자들이 저마다 다양한 음식을 골라 구성한 식단들은 모두 단백질 함량이 15퍼센트에 아주 가까웠다. 즉 전 세계 대다수 인류 집단이 먹는 것과 비슷한 값이었다. 실험 2단계에서 각 실험 참가자에게 단백질 함량이 10, 15, 25퍼센트인 식단 중 특정한 한 가지만 제공했을 때도 시드니 실험에서와 동일한 결과가 나왔다. 저단백 식단을 제공받은 이들은 음식과 에너지를 전체적으로 더 많이 섭취했다. 실험은 5일 동안 이루어졌는데, 그 짧은 기간에도 그들은 체중이 증가하기 시작하는 기미를 보였다.

그러니 우리의 동물 연구가 인간의 아주 큰 문제를 해결할 잠재력을 지니고 있는 것처럼 보이고 있었다. 우리 종에게서 지난 2백만 년의 역사에서 유례없는 수준으로 체지방이 축적되고 있는 원인이 무엇인가라는 크나큰 문제 말이다. 그러나 과학의 문제이자 매력이기도 한 것은 대다수 발견이 대답이 필요한 또 다른 새로운 질문으로 이어진다는 것이다. 이 사례에서도 예외가 아니었다.

6장 요약

1. 메뚜기처럼 사람도 단백질 목표량을 섭취하는 것을 우선시한다.

2. 단백질이 부족하지만 열량이 풍부한 세상에서는 단백질 목표량을 채우려 시도하면서 탄수화물과 지방을 과식하게 되며, 그 결과 비만 위험에 처한다.

3. 식단의 단백질 함량이 높을 때, 우리는 단백질 과잉 섭취를 피하기 위해 탄수화물과 지방을 덜 먹는다.

4. 고단백 식단이 체중 감소에 도움을 줄 수 있는 이유가 바로 이것이다. 그런데 우리는 왜 열량을 너무 적게 섭취할 위험을 무릅쓰면서까지, 단백질을 너무 많이 섭취하지 않으려고 하는 것일까?

7장
왜 그냥 단백질을
더 많이 먹지 않는 것일까?

마치 우리가 인간 비만의 수수께끼를 풀 중요한 무언가를 막 발견한 듯이 보였다. 단순히 식단의 단백질 비율을 높이는 것만으로도 비만, 당뇨, 심장병 등 관련 건강 문제들을 일으킬 만큼 음식을 먹는 일이 없어지지 않을까? 그런데 그 생각이 옳다면, 왜 자연은 우리의 단백질 식욕에 상한선을 정해 놓은 것일까? 뭔가 앞뒤가 맞지 않았다.

단백질을 너무 적게 섭취하지 않는 것이 중요한 이유는 명백하다. 앞서 살펴보았듯이, 이 영양소는 우리 몸을 만들고 유지하고 수선하며, 번식하는 데 필요한 질소의 주된 원천이다. 우리는 단백질이 충분히 있어야 살아갈 수 있다.

그런데 왜 단백질은 그렇게 과식하지 않으려 하는 것일까? 단백질 함량이 높은 식단 앞에서는 체중을 유지하는 데 필요한 양보다 덜 먹기까지 하면서? 물론 현재 많은 사람이 체중 감소를 환영할지 모르지만, 우리 종의 역사 전체를 보면 체중 감소는 결코 바람직한 결과로 이어진 적이 없다. 사실은 정반대였다. 생존할 수 있을 만큼 먹으려고 애써야 했다. 체중 감소를 보장하는 식단은 자살이나 다름없었을 것이다.

그런데 마치 우리 식욕은 단백질을 너무 많이 섭취하는 것보다 에너지가 고갈될 위험을 무릅쓰고라도 열량을 아주 적게 섭취하는 편이 더 낫다고 말하는 것처럼 보인다. 이 자체는 지나친 단백질 섭취를 몹시 바람직하지 않게 만드는 무언가가 있음을 시사한다. 단백질 식욕 같은 고도로 조율된 제어 체계는 우연히 진화한 것이 아니다. 사실 어떤 형질이든 간에 생존과 번식에 유용하지 않다면, 위축되다가 결국에는 사라진다. 〈쓰지 않으면 사라진다〉는 진화의 금과옥조다.

또 단백질을 지나치게 많이 섭취하는 것이 몸에 안 좋다는 증거도 있었다. 유명한 관찰 사례로는 〈토끼 기아rabbit starvation〉 현상이다.

이 현상은 토끼가 굶주리는 것과 아무 관계가 없다. 1881~1884년 그릴리 북극 탐험대로부터 얻은 교훈을 말하는 것이다. 당시 과학 연구를 수행하기 위해 북극으로 향한 탐험대원 25명 중 19명이 사망했다.

야생 동물 대부분처럼 토끼도 고기의 지방 함량이 아주 적다. 새끼 양고기는 28퍼센트, 쇠고기와 돼지고기는 32퍼센트인 반면 토끼는 겨우 약 8퍼센트다. 나머지는 단백질이고, 탄수화물은 사실상 없다. 오로지 토끼 고기만 먹는다면, 지방과 탄수화물에 비해 단백질 비율이 아주 높아 곧 단백질 중독이라고 하는 증상이 나타날 것이다. 다른 두 다량 영양소에 비해 단백질을 너무 많이 섭취함으로써 나타나는 희귀한 유형의 영양실조다. 그 일을 직접 겪은 북극 탐험가 빌햐울뮈르 스테파운손은 이렇게 썼다. 〈토끼를 먹는 사람은 비버, 말코손바다사슴, 생선 같은 다른 식량에서 지방을 전혀 얻지 못한다면 약 일주일 사이 설사를 하게 될 것이고, 두통, 피로, 왠지 모를 불편함을 느낄 것이다.〉

물론 그 불운한 북극 탐험대에 토끼 고기(아니, 먹을 것 자체)가 풍족했을 리 만무하다. 스테파운손은 그릴리 탐험대원들의 죽음이 식량 고갈에 따른 식인 행위라고 믿어지는 것과 관련이 있다고 했다(모르몬 여치가 떠오른다). 그들은 굶주린 끝에 죽은 시신을 먹었는데, 그 시신에는 지방이 거의 없었기에 사실상 토끼 고기나 다름없었다. 그 이론에 따르면 그렇다.

찰스 다윈은 『비글호 항해기』에서 단백질에 비해 지방과 탄수화물을 충분히 먹을 필요가 있다고 썼다.

지금 며칠째 고기 외에는 아무것도 못 먹고 있다. 이 새로운 식단이 결코 싫은 것은 아니었다. 그런데 내 몸 상태가 힘들게 운동했을 때만 느끼는 그런 상태였다. 나는 영국에서 환자들이 회복될 거라는 희망이 바로 눈앞에 보인다고 해도, 동물 고기만 먹고 버티겠다고 했을 때 그런 식단을 견뎌 낼 수 있는 사람이 거의 없다는 말을 들은 바 있다. 팜파스의 가우초는 몇 달 동안 쇠고기만 먹기도 한다. 그러나 내가 지켜본 바에 따르면, 그들은 지방을 아주 많이 먹는다. 그 점은 덜 동물적인 특징이다. 그리고 그들은 아구티 고기 같은 말린 고기를 아주 싫어한다.

그러나 인간의 단백질 목표 섭취량(총열량의 15퍼센트 정도)은 병을 일으키는 데 필요한 40~50퍼센트 수준과는 거리가 멀다. 따라서 단백질을 목표 섭취량보다 좀 더 많이 먹었을 때 나타나는 모든 안 좋은 효과는 극심한 설사와 죽음보다 더 미묘할 것이 틀림없다.

또 우리는 일부 동물이 식단에 들어 있는 높은 함량의 단백질을 견디는 차원을 넘어 그것을 요구하는 쪽으로 진화했다는 것도 안다. 이는 높은 함량의 단백질을 먹는 것이 얼마나 어려운 도전 과제이든 간에, 진화를 통해 시간이 흐르면 극복할 수 있다는 의미다. 5장에서 설명했듯이, 우리는 고양이, 개, 거미, 딱정벌레 등 다양한 포식자 종을 대상으로 실험을 했고, 이런 동물들이 열량의 30~60퍼센트를 단백질 형태로 요구한다는 것을 알았다. 우리는 겨우 15퍼센트만 요구하는데 말이다. 물론 이 점은 이해가 간다. 이런 동물들이 주로 다른 동물을 먹는 쪽으로 진화했기 때문이다. 동물은 단백질 함량이 높다.

그러나 포식자조차 먹다가 단백질이 너무 농축될 때면 지방을 몹시 갈구하며, 단백질을 목표 섭취량 이상으로 먹는 것을 피한다. 지방을 구하기 힘들어질 때, 포식 동물은 개체 수가 급감할 수도 있다. 북대서양의 바닷새 개체군에서는 실제로 그런 일이 일어나고 있다. 최근 수십 년 사이 남획으로 기름진 물고기의 수가 급감하자, 이들도 개체 수가 급감해 왔다. 이 새들은 더 여위고 더 단백질이 풍부한 목이 종에 의지하게 되었고, 그 결과 비행과 이주에 필요한 에너지를 충분히 비축하지 못한다.

그러니 다른 영양소들에 비해 단백질을 너무 많이 먹을 때 어떤 문제가 생기는지 이해하고, 그것이 어떤 질환이든 간에 단백질을 너무 적게 먹어서 생길 때의 질환과 비교할 방법을 찾아야 한다는 것이 분명해지고 있었다. 그때 스티븐은 한 파티에서 우연히 누군가를 만났다······.

2005년이었는데, 스티븐은 가족과 함께 옥스퍼드에서 시드니로 막 이사해 집을 정리하던 중이었다. 마침 사람들이 동네 잔치에 그들을 초청했다. 그날 저녁 늦게 스티븐은 새로 알게 된 데이비드 르 쿠터와 이야기를 나누었다. 그는 시드니 대학교의 노인학 교수이자 의사였다. 그는 스티븐이 생물학자임을 알자, 건강한 노화의 생물학을 논의하는 국제 학술 대회에서 영양학 강연을 해줄 수 있는지 물었고, 스티븐은 기꺼이 하겠다고 답했다. 그런데 다음 날 아침에 잠이 깬 스티븐은 머리를 싸맸다. 「대체 무슨 짓을 한 거지? 노화의 생물학에 대해 아무것도 모르는데······.」

스티븐은 뉴질랜드에 있는 데이비드에게 연락했고, 우리는 과학 문헌을 꼼꼼하게 살펴보기 시작했다. 읽으면서 점점 흥미를 느꼈고, 한편으로는 의아했다.

우리가 늙어 갈수록 비만, 제2형 당뇨병, 심장병, 뇌졸중, 치매, 암 등 온갖 질병에 걸릴 가능성은 가파르게 증가한다. 늙어 가는 과정에는 이런 만성 질환들에 걸리도록 미리 정한 듯이 보이는 무언가가 들어 있다. 그 결과, 우리는 여러 해 동안(평균적으로) 골골 앓다가 사망한다.

2005년 당시 식단과 노화의 생물학을 연관 짓는 큰 개념이 하나 있었다. 열량 섭취를 40퍼센트까지 줄이면(사람이라면 하루에 약 1천 칼로리를 덜 먹는 것) 모든 종에게서 수명이 늘어날 수 있다는 것이다. 이는 덜 먹음으로써 비만을 피한다는 차원이 아니라, 노화라는 근본적인 생물학적 과정 자체를 늦추는 것이었다.

열량 제한과 노화 연구는 길고도 화려한 역사를 지닌다. 루이지 코르나로는 폭식을 비롯해 온갖 무절제한 생활에 탐닉한 베네치아의 부유한 귀족이었다. 그렇게 방탕하게 살다 보니 중년에 이르자 건강이 몹시 나빠져, 그는 자신이 죽어 가고 있다고 생각하기에 이르렀다. 그래서 의사의 조언에 따라 열량을 제한한 식단을 채택해 하루에 음식을 몇백 그램씩만 먹었다. 그 덕분이었는지 그는 노인이 되어서도 기운이 넘쳤고, 80대에 『건강하게 장수하는 확실한 방법: 나쁜 체질 등을 교정하는 방법도 포함하여Sure and Certain Methods of Attaining a Long and Healthful Life: With Means of Correcting a Bad Constitution, &c.』라는 책을 썼다. 책에서 그는 자신의 장수가 중용을 지키고 가능한 한 덜 먹으면서 산 덕분이라고 했다. 그는 102세까지 산 듯하다.

1935년 코넬 대학교의 클라이브 매케이 연구진은 쥐를 대상으로 한 기념비적인 논문을 발표했다. 〈성장 지체가 수명과 최종 몸집에 미치는 효과〉라는 제목이었다. 열량 섭취 제한이 수명을 연장한다는 압도적 증거를 최초로 제시한 논문이었다. 열량을 제한한 쥐는 더 잘 먹인 쥐보다 더 느리게 자랐지만 더 오래 살았다.

그 뒤로 효모와 선충에서 초파리와 원숭이에 이르기까지 다양한 동물을 대상으로 열량 제한이 수명을 연장한다는 연구 결과가 많이 쏟아졌다. 그러나 열량 제한의 단점도 하나 있었다. 이 모든 종에서 더 오래 살수록 새끼의 수는 더 적었다. 수명과 번식의 이 맞교환은 한 과정에 에너지를 투자하면 그만큼 다른 과정에는 에너지를 덜 쓰게 된다는 개념으로 이어졌다. 즉 생물은 열량과 자원을 수명을 더 늘리는 쪽으로 쓰든지, 아니면 자식을 더 많이 갖는 쪽으로 쓰든지 해야 한다. 또 다른 개념도 나왔는데, 번식의 직접적 비용, 말하자면 몸이 망가지는 것이 직접적으로 수명을 줄인다는 것이다. 갓난아기가 울어 대는 바람에 수면 부족에 시달리는 부모는 이 개념에 수긍할지도 모르겠다.

그러나 현대의 많은 사람에게는 자녀를 덜 낳고 기대 수명이 더 길어진다는 개념이 양쪽으로 최선인 양 보일 것이며, 선진국에서의 출산율 감소와 수명 증가는 이 개념을 뒷받침한다.

사람을 대상으로 열량 제한을 연구할 기회는 애리조나의 바이오스피어 2 체류 실험 때 찾아왔다. 이곳은 유명한 닫힌 생태계였다. 온실 안에 우림, 사막, 바다, 맹그로브 습지, 사바나,

작은 농장을 조성한 곳이었다. 1991년 UCLA의 저명한 열량 제한 연구자 로이 월퍼드는 2년 동안 바이오스피어 안에서 외부와 차단된 채 생활할 8명 중 한 명이 되었다. 그들은 바이오스피어 안에서 식량을 충분히 생산하지 못해 열량을 적게 섭취할 수밖에 없었다. 월퍼드는 모두가 체중이 줄었고 유익한 쪽으로 대사 건강 변화가 일어났다고 적었다(혈압이 낮아지고 혈당 조절이 더 잘되는 등). 앞서 열량 제한을 한 쥐에게서 나타난 결과와 동일했다.

이 모든 연구 결과는 매우 흥미로웠지만, 우리가 의아해한 이유는 이것이었다. 열량 제한을 실험한 연구 논문 중에서 세 가지 다량 영양소의 역할을 따로따로 살펴본 사례가 한 건도 없었다는 점이다. 물론 지금까지 우리의 연구 방향에 비추어 볼 때, 우리는 수명 연장이 총열량을 덜 섭취해서인지, 아니면 그런 열량의 원천 중에서 무엇이 더 중요한지 알고 싶었다. 다시 말해, 단백질, 지방, 탄수화물은 노화에 어떤 영향을 미칠까? 홀로 미치는 영향뿐 아니라, 혼합되었을 때 미칠 영향도 알고 싶었다.

스티븐은 건강하게 늙어 가는 법을 논의하는 학술 대회에서 열량 제한이 수명을 늘린다는 결론의 배경이 되는 증거에 의문을 제기함으로써, 도발적인 강연을 했다. 그는 총열량이 핵심이라는 결론을 내릴 근거가 미흡하며, 그런 열량의 총량보다 원천이 더 중요할 가능성이 있다고 주장했다. 사실 그는 청중에게, 설치류와 초파리 연구에서 나온 증거들은 단백질과 특정한 아미노산(메티오닌과 곁가지 달린 아미노산 같은)의 섭취 제한이 총열량 제한보다 더 중요하다는 점을 보여 준다고 말했다. 그는 다시는 강연 초청을 받을 일이 없을 거라고 예상했다.

그러나 청중은 전혀 거부감을 느끼지 않았고, 오히려 우리에게 영양 기하학의 관점에서 열량 제한을 새롭게 들여다보라고 권했다. 우리는 열량의 효과를 영양소별로 해체할 계획을 세웠고, 가장 실현 가능한 방법이 작고 수명이 짧은 동물을 써서 대규모 실험을 시작하는 것이라고 결론지었다. 그렇다, 곤충이었다.

우리는 초파리에게 눈을 돌렸다. 초파리는 노화의 생물학 연구뿐 아니라, 유전학과 분자 생물학 연구에도 널리 쓰이는 곤충 모델이다. 또 초파리는 인간의 건강을 이해하는 데도 아주 좋은 모델이 된다. 인간에게 질병을 일으키는 유전자 중 4분의 3은 초파리에게도 유사한 판본이 존재한다. 또 초파리도 우리처럼 수명과 노화를 조절하는 유전자들을 지닌다. 그러나 초파리의 평균 수명은 아주 짧아 두 달이면 부화에서 사망까지 전 생애를 실험할 수 있다.

이광범은 1999년 한국에서 옥스퍼드 대학교의 우리 연구실에 박사 과정으로 들어오겠다고 신청서를 보낼 때 자신을 〈밥〉이라고 소개했다. 그는 멋진 나비들을 직접 그린 카드도 보냈는데, 그림을 보니 그가 타고난 곤충학자임을 알 수 있었다. 그는 박사 과정 연구를 할 때, 모충이 바이러스에 감염되면 먹이 선호 양상이 바뀐다는 것을 발견했다. 탄수화물에 비해 단백질 비율이 더 높은 먹이를 골랐다. 바이러스 감염에 가장 잘 맞서 싸우려면 바로 그 처방이 필요하다. 그 뒤 그는 잉글랜드 북부 랭커스터의 켄 윌슨에게 가서 이 연구를 더 확장했다. 그는 그곳에서 활발하게 연구 성과를 냈지만, 늘 침울하게 흐린 그곳 날씨를 도저히 견디기 어려워하다, 대규모 초파리 노화 연구 기회가 생기자 시드니로 왔다.

우리는 1천 마리의 초파리를 대상으로 메뚜기에게 했던 것과 유사한 실험을 하기로 계획했다. 각 초파리에게 한 종류의 먹이만 주면서 성체의 생애 내내 변화를 추적하는 것이었다. 지방은 초파리 에너지 예산 중 미미한 부분을 차지하므로, 우리는 단백질과 탄수화물에 초점을 맞추었다. 양쪽의 비율을 다르게 섞어서 28가지 액체 먹이를 만들었다. 단백질과 탄수화물의 비율을 다양하게 했을 뿐 아니라, 첨가하는 물의 양을 다르게 함으로써 희석 비율도 4단계로 구분했다.

끝내기까지 고생고생하면서 1년이나 걸렸다. 초파리 1천 마리와 씨름하려니 여간 고역스럽지 않았다. 이 문장의 마침표보다 그다지 크지 않은 곤충이니 말이다.

초파리의 구더기는 처음에 시험관에서 통상적인 먹이를 먹으면서 자랐다. 일단 다 자라자(며칠이면 다 자란다), 구더기는 번데기 단계를 거쳐 성충이 되었다. 막 번데기에서 나온 암컷을 짝짓기하도록 수컷과 24시간 함께 둔 뒤, 따로 시험관에 격리했다. 각 시험관 바닥에는 초파리가 알을 낳을 수 있도록 축축한 종이를 두었고, 위쪽 마개에는 28가지 먹이 중 하나가 들어 있는 작은(100만 분의 5리터) 유리 빨대가 꽂혀 있었다. 초파리는 곧 스펀지 같은 긴 주둥이로 빨대에서 먹이를 빨아 먹는 법을 터득했다.

이광범과 박사 후 연구원인 피오나 클리솔드(우리의 빨대 방법을 고안했다)는 매일 빨대에 새 먹이를 채우면서, 각 초파리가 얼마나 빨아 먹었는지 측정했다. 또 알을 몇 개 낳았는지 현미경으로 들여다보면서 세었다. 알은 아주 작아 맨눈으로는 하얀 얼룩처럼 보인다. 초파리는 2개월쯤 지나면 대부분 자연사한다. 실험을 끝낼 때, 우리는 각 초파리가 매일 얼마나 먹었고, 얼마나 오래 살았고, 알을 얼마나 낳았는지 알았다.

이제 각 초파리의 단백질과 탄수화물 섭취량을 그래프에 점으로 찍는다고 상상하자(3장에서 메뚜기를 대상으로 했듯이). 1천 개의 점이 구름처럼 찍힐 것이다. 이제 길이가 저마다 다른 핀 1천 개를 구한다고 상상하자. 핀의 길이가 곧 초파리의 수명이다. 즉 오래 산 초파리일수록 해당하는 핀의 길이가 길다. 이제 각 초파리의 영양소 섭취량을 기록한 그래프의 각 점에 해당 핀을 꽂는다. 각 초파리가 먹은 먹이의 양에 따라 길이가 서로 다른 핀 1천 개가 빽빽하게 꽂힌 숲이 생긴다.

다 끝내면 핀 숲은 반응 경관이라고 불리는 것을 조성할 것이다. 3차원 지도와 비슷하다. 이 경관의 모습은 초파리의 전반적인 수명이 식단과 어떻게 대응하는지 알려 줄 것이다. 핀의 길이가 모두 같다면, 경관은 고원처럼 완벽하게 평탄할 것이다. 초파리가 무엇을 먹든지 간에 모두 수명이 똑같다는 뜻이다. 그러나 단백질과 탄수화물의 어떤 특정한 조합에서만 긴 핀이 꽂힘으로써 산맥처럼 보이는 것이 생기고 다른 영양소 조합에서는 골짜기가 생긴다면, 우리는 곤충의 식단이 정말로 수명에 영향을 미친다는 것을 알게 된다.

시각화를 좀 더 쉽게 할 수 있도록, 지도 제작자가 지형을 나타낼 때 쓰는 것과 동일한 기법을 써서 3차원 핀 숲을 2차원 지도로 전환할 수도 있다. 길이에 따라 핀의 머리에 색깔을 칠하면 — 가장 긴 것은 검은색, 가장 짧은 것은 흰색으로 칠하고 길이에 따라 진하거나 연한 회색으로 칠하는 식으로 — 수명이 긴 개체들은 그래프에서 짙게, 짧은 개체들은 옅게 보일 것이다.

우리는 좀 불안해하면서 초파리 먹이 섭취량 자료를 토대로 영양소 섭취량 그래프에 1천 개의 점을 찍기 시작했다. 그런 뒤 각 초파리가 얼마나 오래 살았고, 평생 알을 몇 개 낳았는지 기록한 자료도 입력했다.

우리 연구를 진행하는 과정에서 컴퓨터 화면에서 그래프가 처음 뜨는 순간은 불안과 흥분이 정점에 다다르는 순간이다. 그 모든 힘든 일 — 무려 1년 동안 했던! — 이 통계적으로 아무런 의미가 없다는 것이 드러날 수도 있다. 컴퓨터는 흥미롭거나 결정적인 결과가 단 한 건도 없다고 말할 수도 있다. 생물학 연구는 그렇게 가슴을 찢어 놓기도 한다. 패턴을 찾아내기 어려운 질문만 가득한 결과가 나올 때가 너무나 많다. 우리가 질문을 잘못했을 수도 있고, 우리 가설이 틀렸을 수도 있으며, 실험 과정에 우리가 모르는 문제가 있었을 수도 있다.

이날 우리는 열량 제한이 중요하다는 기존 견해가 옳다면, 어떤 결과가 나올지 예상할 수 있었다. 전체 먹이 섭취량이 정상적인 섭취량의 60퍼센트까지 줄어들 때, 수명은 길어져야 했다. 먹이의 단백질과 탄수화물의 비율이 어떻게 달라지든 상관없이 말이다. 우리는 자판을 누른 뒤, 컴퓨터가 표면 음영 그래프와 관련 통계 도표를 계산할 때까지 기다렸다. 이윽고 계산 결과가 화면에 떴다. 그래프에 패턴이 뚜렷이 보였다. 대단히 혁신적인 결론이었다.

수명은 총열량 섭취량과 거의 아무런 관계가 없었고, 모든 것은 우리가 먹는 단백질과 탄수화물의 비율에 달려 있었다.

다음 106쪽의 왼쪽 그래프는 그날 화면에 뜬 것이다.

수명 표면이 위로 갈수록, 즉 저단백 고탄 먹이로 갈수록 짙은 색을 띠고, 고단백 저탄 먹이로 갈수록 옅은 색을 띠는 것이 뚜렷이 보인다. 이는 식단에서 단백질의 비율이 높아질수록 초파리의 수명이 점점 짧아졌다는 의미다. 그리고 고단백 저탄 먹이를 먹은 초파리들이 가장 일찍 죽었다.

그런데 번식은 어떨까? 오른쪽 그래프가 보여 준다. 가장 오래 살게 해준 먹이가 아니라, 단백질 함량이 더 높은 먹이를 먹은 초파리가 가장 많은 알을 낳았다. 단백질 대 탄수화물의 비가 1대 16일 때 수명이 가장 긴 반면, 1대 4일 때 알을 가장 많이 낳았다. 그러나 번식에서도 단백질 과다 섭취 같은 것이 있

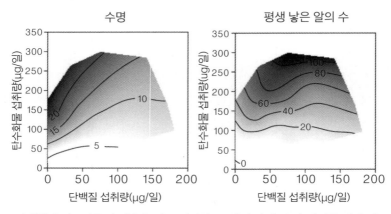

수명   평생 낳은 알의 수

단백질과 탄수화물의 비율을 서로 달리한 28가지 먹이 중 한 가지를 평생 먹인 초파리들의 수명(일)과 평생에 걸쳐 낳은 알의 개수를 보여 주는 지도다.

었다. 단백질 대 탄수화물의 비율이 1대 4를 넘으면 낳는 알의 수가 줄어들었다.

단백질이 전하는 메시지는 명확했다. 소량을 먹으면 오래 살겠지만 자식을 많이 낳지 못한다. 좀 더 많이 먹으면 자식을 더 많이 남기겠지만 그보다 덜 오래 산다. 더욱더 많이 먹으면 오래 살지도 자식을 많이 남기지도 못할 것이다. 적어도 초파리는 그렇다.

우리 결과는 수명과 번식이 서로 상충 관계에 있음을 설득력 있게 보여 주었다. 기존에 생각했듯이, 한정된 양의 에너지와 자원을 놓고 경쟁하는 것이 아니다. 즉 번식 자체가 수명을 줄이는 손상을 일으키는 것이 아니다. 번식과 수명은 그저 영양 요구 조건이 다를 뿐이다. 우리는 자식을 많이 남길 식단을 고르거나, 죽음을 늦추는 식단을 고를 수 있다. 동일한 식단이 양쪽 결과를 다 가져올 수는 없다.

유레카!

그 뒤로 우리뿐 아니라 전 세계 연구자들은 이광범의 초파리 실험 결과를 재현했다. 같은 초파리를 대상으로 한 실험도 있고, 다른 곤충(메뚜기, 꿀벌, 개미 등)을 대상으로 한 실험도 있었다. 곤충의 경우 단백질 먹이의 아미노산 균형을 조절하는 탁월한 방법을 쓰면, 한 가지 먹이를 통해 장수와 최대 번식을 달성할 수 있다는 사실도 드러났다. 그러나 자연에서는 초파리가 오래 살거나 알을 많이 낳거나 둘 중 하나를 하는 쪽으로 먹는다는 것이 거의 확실하다. 양쪽을 다 할 수는 없다.

초파리에게 스스로 먹이를 섞어서 먹을 수 있도록 한다면, 초파리는 어느 쪽을 선택할까? 우리는 이 질문에 답하기 위해, 초파리에게 자식과 장수 사이에서 결정하라고 요청하는 실험을 했다. 고탄수화물 먹이(장수)와 고단백질 먹이(많은 알) 중에서 고르게 하는 것이었다. 초파리들이 어떤 선택을 했는지 귀띔하면 이렇다. 이 상황에서 독자(또는 우리)는 초파리들과 반대로 선택할 것이 거의 확실하다. 초파리들은 가장 오래 사는 쪽이 아니라 가장 알을 많이 낳게 할 단백질과 탄수화물의 비를 선택했다.

사람으로 치면, 아이를 15명 낳고 40세에 사망할 수 있도록 하는 방식으로 먹는 것과 비슷하다. 약 2백 년 전까지 우리가 살았던 방식과 꽤 비슷하다. 당시까지 태어난 아이의 대부분은

5세 이전에 사망했다는 점을 염두에 두자. 적어도 오늘날 우리 눈에는 그다지 매력적으로 보이지 않는다.

그러나 초파리(그리고 아마 우리를 제외한 다른 모든 종)는 자신이 얼마나 오래 사는가보다 유전자를 얼마나 많이 남기는가에 더 신경을 쓴다. 다윈의 진화론이 예측한 것과 들어맞는다. 유전자를 많이 남기는 것이 대물림에 성공하는 열쇠라는 것이다.

2008년에 발표된 우리의 초파리 노화 논문은 큰 화제를 불러일으켰다. 열량 제한 연구자들은 우리가 그들의 주류 견해를 뒤엎자, 곧바로 초파리는 사람은커녕 포유동물도 아니라고 지적하고 나섰다. 물론 그 말은 옳았다. 우리는 포유류가 열량에만 반응할지, 아니면 초파리처럼 다량 영양소의 균형에 반응할지 보여 준 것이 아니었다. 게다가 우리는 포유류가 단백질을 너무 많이 먹으면 수명이나 번식에 안 좋다고 보여 준 것도 아니었다. 우리가 원고를 학술지에 보냈을 때 동료 심사를 맡은 한 익명의 심사자는 이런 회의적인 반응을 드러냈다.

이 논문은 결론에서 수명이 짧은 무척추동물 종에게 식단 제한 방식을 적용하는 새로운 접근법을 개괄하지만, 나는 그 방법을 설치류에 실제로 적용 가능할지 그다지 확신이 들지 않는다.

우리에게는 선택의 여지가 없었다. 그 도전을 받아들여 초파리보다 좀 더 우리와 가까운 동물을 연구하는 수밖에.

7장 요약

1. 단백질을 너무 많이 먹을 때 문제가 생기는지 알아보기 위해, 초파리를 대상으로 다량 영양소 배합을 서로 다르게 한 먹이가 평생에 걸쳐 어떤 영향을 미치는지 실험했다.

2. 가장 오래 살기 위해 필요한 먹이와 가장 알을 많이 낳는 데 필요한 먹이는 서로 다르다. 초파리는 저단백 고탄 먹이를 먹을 때 가장 오래 살았다. 고단백 저탄 먹이는 일찍 죽음을 가져왔다. 초파리는 그보다 단백질 함량이 더 높고 탄수화물 함량이 더 낮은 먹이를 먹을 때 알을 가장 많이 낳았다. 하지만 단백질 함량이 너무 높아지면 다시 낳는 알이 적어졌다.

3. 더 복잡한 동물은 어떨까? 포유류는?

8장
영양 지도 작성

곤충은 우리에게 영양 지도 제작자가 되는 법을 알려 주었다. 초파리 실험을 통해 우리는 수명과 번식을 먹이의 조성에 대응시키는 지도를 작성했다. 또 초파리 실험은 흥미로운 가능성도 제기했다. 영양 기하학을 써서 건강의 모든 측면을 지도로 작성할 수도 있지 않을까? 다시 말해, 영양 기하학을 써서 어떤 바람직한 목표를 달성하는 데 알맞은 영양소 균형을 찾아낼 수도 있지 않을까? 살을 빼거나, 오래 살거나, 번식을 최대화하거나, 감염을 막거나 하는 목표 말이다.

그러면 아주 유용할 것이다. 이 질문에 답하려면, 우리 초파리 노화 논문의 심사자가 아마도 실현 불가능할 것이라고 언급한 바로 그 일을 해야 했다. 사람과 꽤 가까운 동물을 대상으로 대규모 연구를 수행하는 것이다.

우리는 초파리 실험에서 발견한 것들에 여전히 흥분한 상태였기에, 생쥐를 대상으로 대규모 연구를 해보자는 꿈에 부풀어 있었다. 우리의 노인학자 친구이자 시드니 대학교 동료인 데이비드 르 쿠터도 연구진에 합류했고, 우리는 박사 과정의 젊은 생물학자 서맨사 솔론비엣도 끌어들였다. 영양 기하학에 정통한 서맨사는 시드니 대학교의 스티븐 밑에서 어류의 섭식 행동을 주제로 우등 연구 과제를 수행한 바 있었다(말이 나온 김에 덧붙이자면, 어류도 영양학적 지혜가 뛰어난 집단이다).

우리는 실험실 생쥐 수백 마리에게 평생 다량 영양소와 섬유질 함량을 서로 다르게 한 25가지 먹이 중 하나만 먹이면서 영양소 균형의 결과를 지도로 작성할 수 있을지 알아보는 실험을 시작했다. 초파리와 달리, 생쥐는 (우리 인간처럼) 지방을 많이 섭취하므로, 우리는 먹이의 단백질과 탄수화물뿐 아니라 지방 함량도 다양하게 했다. 따라서 실험 규모와 복잡성이 대폭 커졌고, 먹이 혼합물을 만드는 일도 훨씬 더 힘들어졌다.

초파리는 몇 달 살 뿐이지만, 생쥐는 몇 년을 산다. 또 약 10만 배 더 무겁다. 초파리 1천 마리를 1년 동안 기르는 데는 액체 먹이가 몇 리터면 충분했다. 그런데 생쥐 연구는 마무리할 때까지 5년 동안 무려 6톤의 먹이를 만들어야 할 터였다. 또 모든 시료를 채취해 분석하며 결과를 해석하는 데 도움을 줄 수 있는 전문가들도 필요했다. 우리는 그 결과를 해석하는 일을 지금까지 계속하고 있다. 그리고 지금까지 그 일에 들어간 연구비가 1백만 달러에 달한다.

생쥐는 사회성 동물이기에, 우리는 2009년에 실험을 시작할 때 갓 젖을 뗀 새끼들을 같은 성별끼리 세 마리씩 한 우리에 넣었다. 성적 좌절을 일으키는 조치였지만, 성별을 뒤섞어 넣음으로써 상황을 복잡하게 만들 수는 없었다. 그랬다간 머지않아 생쥐 새끼들이 바글거릴 테니까. 생쥐들은 계속 우리 안에서 지내면서 금속 먹이 주입구에서 나오는 한 종류의 먹이만 먹었다. 몇 년 뒤 자연사하거나 중장년이 되어(약 15개월) 사람의 손에 안락사할 때까지 그랬다. 후자는 생쥐의 생리학적인 모든 측면을 분석하고 생화학적 분석에 필요한 조직을 채취하고 보관하려면 어쩔 수 없는 일이었다.

그런 〈가려내는〉 날이면 일련의 복잡한 일들이 진행되었다. 마치 공장의 조립 라인에 있는 양, 전문가들이 죽 늘어서서 차례로 한 가지씩 맡은 일을 수행했다. 먼저 각각의 생쥐를 안락사시켰다(안락사는 대학교 동물 윤리 위원회가 정한 엄격한 규정에 따라 이루어진다. 위원회에는 수의사와 전문 분야 과학자뿐 아니라 일반인도 속해 있다). 그런 뒤 체성분을 측정하고 (각 조직에 지방이 얼마나 있는지), 근육을 해부해 표본을 떼어 내고 미토콘드리아 기능을 분석한 다음, 사체를 장기를 떼어 내는 일을 맡은 사람에게 넘긴다. 담당자는 각 조직과 기관을 떼어 내 보관한다. 액체 질소로 즉시 얼리거나, 나중에 생화학적 및 현미경 분석을 위해 화학 물질로 고정시킨다. 이런 표본들은 앞으로 일어날 발견에 쓰이거나 남들이 이미 발표한 발견을 뒷받침할 매우 가치 있는 재료가 되었다.

실험실에서 수천 시간에 걸친 작업이 진행되었다. 각 조직과 기관의 유전자 발현 양상도 기록했고, 혈액의 화학 물질도 수백 가지 상세히 측정했으며, 대단히 많은 장내 미생물 목록도 작성해 비교했다. 게다가 영양소 감지와 관련된 생화학적 경로의 활성과 면역 표지자, 조직의 세포 조성 등 아주 많은 사항도 꼼꼼히 살펴 기록했다. 그런 다음 그렇게 모은 방대한 데이터를 수백 시간에 걸쳐 분석하고 비교했다. 이윽고 남은 모든 생쥐가 자연사했다. 구약성서의 므두셀라에 해당하는 한 마리는 무려 4년 넘게 살았다. 통상적인 수명의 두 배였다.

이 실험에만 시작할 때부터 끝날 때까지 무려 5년이 걸렸다. 우리가 다시금 컴퓨터 화면 앞에 앉아 컬러 그래프와 통계 도표가 뜨기를 기다릴 때 어떤 기분이었을지 아마 충분히 상상할 수 있을 것이다. 다시금 마음을 죄며 기다리는 순간이 왔다.

생쥐도 초파리처럼 저단백 고탄 먹이를 먹을 때 가장 오래 살았을까? 그것이 우리 가설이었지만, 가설은 검증되기 위해 존재한다. 므두셀라는 저단백 고탄 생쥐였지만, 그 생쥐가 그냥 별종일 수도 있지 않겠는가. 생물학에서 예외 사례는 흔하다. 진화의 원료다. 그러나 연구에서는 유별난 소수에게 너무 초점을 맞추다 결과에 담긴 진정한 패턴을 놓칠 위험이 있다. 또 자신이 찾고 있는 것을 어디에서든 발견하게 되는 위험도 있다. 떠 있는 뭉게구름에서 마돈나의 얼굴을 찾아내는 것과 같다. 통계학은 그런 상황을 위해 존재한다. 데이터에 담긴 혼란과 다양성을 꿰뚫고 그 밑에 흐르는 패턴을 간파하는 용도다. 그런 패턴이 존재한다면 말이다.

수명 그래프가 화면에 떴다. 초파리에게 나타났던 양상과 놀라울 만치 비슷했다. 그리고 통계 자료도 명백했다!

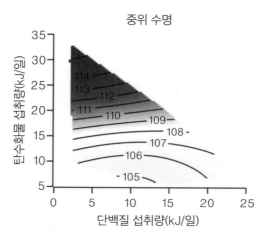

먹이의 단백질과 탄수화물의 함량 차이에 따른 생쥐의 수명(week). 여기서는 지방이 빠져 있다. 단백질 대 탄수화물의 비가 가장 큰 효과를 낳았다.

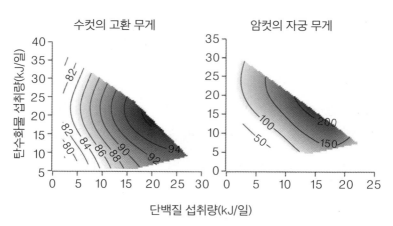

단백질과 탄수화물 함량이 서로 다른 먹이를 먹은 생쥐들의 생식 기관 크기 (mg). 마찬가지로 지방은 제외했다.

그래프의 짙은 영역은 저단백 고탄 먹이를 먹은 생쥐가 더 오래 살았음을 의미한다. 흥미로운 점은 우리가 초파리에게서 발견한 것과 마찬가지로, 단백질만 중요한 것이 아니라는 사실이었다. 가장 오래 살게 하려면 낮은 단백질 함량이 높은 탄수화물 함량과 결합되어야 했다. 사람으로 치면 고기, 생선, 달걀을 덜 먹고, 저열량 채소, 과일, 콩, 통곡물 등 건강한 탄수화물을 더 많이 먹는 것이다. 또 우리는 저탄고지 먹이가 저단백 먹이보다 장수에 덜 기여한다는 사실도 알았다. 사람으로 치면 고기, 생선, 달걀과 탄수화물을 덜 먹고 버터, 식물성 기름, 튀김 등 지방이 많은 식물을 더 많이 먹는 것에 해당한다. 초파리와 마찬가지로, 단백질 함량이 높고 탄수화물 함량이 낮은 먹이를 먹은 생쥐들의 수명이 가장 짧았다. 그래프에서 표면이 가장 옅은 색을 띠는 지역이 그렇다. 저탄수화물 먹이를 먹은 생쥐는 평균적으로 장수하지 못한다. 초파리와 마찬가지다.

번식은 어떨까? 이 방면에서는 고단백 먹이가 유리했다. 생쥐 수컷의 고환이 크게 자라려면(난교 행위에 기여한다), 또는 암컷의 자궁이 크게 자라려면(한 배에 많은 새끼가 자랄 수 있다) 단백질 함량이 높은 먹이가 필요했다. 분석 결과를 종합하자면, 장수하는 데 필요한 먹이와 새끼를 많이 낳는 데 필요한 먹이가 전혀 달랐다.

우리는 생쥐 실험을 통해 초파리에게서 보았던 양상을 재현했을 뿐 아니라, 추가로 얻은 것도 있었다. 생쥐에 관해 상상할 수 있는 모든 것을 수집하고 분석했기에, 이제 다음 질문을 탐구하는 일을 시작할 데이터를 지니고 있다는 것이었다. 저단백 고탄 먹이를 먹은 동물은 왜 고단백 저탄 먹이를 먹은 동물보다 더 오래 살까? 단백질을 너무 많이 먹을 때 정확히 어떤 문제가 생기는 것일까?

〈텔로미어〉라는 단어가 이미 익숙한 독자도 있을 것이다. 최근 들어 수명 연장과 노화 지연에 기여한다는 이유로 인기와 명성을 얻은 단어다.

텔로미어는 염색체 끝에 붙어 세포가 분열할 때 세포 복제 과정의 핵심 요소인 이 염색체의 올이 풀려 나가는 것을 막는 역할을 한다. 신발 끈의 올이 풀리지 않도록 끝에 붙인 플라스틱(애글릿이라고 한다)에 비유되어 왔지만, 사실은 염색체의 기능과 모습을 유지하는 일을 하는 대단히 복잡한 작은 기계다. 우리가 나이를 먹을수록, 있던 세포는 낡고 닳아서 사라지고 새로운 세포로 계속 대체된다. 그렇게 새로운 세포가 복제될 때마다 텔로미어는 점점 더 짧아지며, 이윽고 염색체가 헤어지기 시작하면서 세포 분열에 오류가 일어난다. 시간이 흐를수록 이런 오류가 계속 쌓이면서 여러 조직과 기관에서 노화를 촉진한다.

수명 지도 그래프를 토대로, 우리는 몇 가지 예측을 할 수 있었다. 먹이에 반응해 나타난 패턴이 근본적으로 노화 생물학적인 차이에서 비롯된 것이라면, 텔로미어 길이의 지도는 생쥐 수명의 지도와 기본적으로 동일한 형태여야 한다.

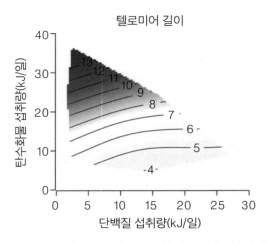

텔로미어 길이

단백질과 탄수화물의 비가 서로 다른 먹이를 먹은 생쥐들의 간세포에 들어 있는 텔로미어의 길이(킬로 염기쌍). 데이터는 박사 과정 학생인 라훌 고칸이 제공했다.

실제로 그랬을까? 위의 텔로미어 길이 그래프를 보자.

친숙해 보이는가? 이 그래프를 수명 그래프와 비교하면, 둘이 거의 들어맞는다는 것을 알 수 있다. 저단백 고탄 생쥐는 텔로미어가 더 길고 더 오래 살았다. 고단백 저탄 생쥐는 텔로미어와 수명이 더 짧았다. 괜찮은 결과였다. 텔로미어에 관한 기존 상식(길수록 더 낫다는)에도 들어맞을 뿐 아니라, 낮은 단백질 함량과 높은 탄수화물 함량이 결합되면 수명이 길어진다는 우리의 예측에도 부합되니까.

더 나아가 우리는 면역 기능, 주요 영양소 신호 전달 경로의 활성, 미토콘드리아 기능 같은 노화의 다른 표지들과 다량 영양소 균형 사이의 관계도 조사했다. 모두 일치했다. 이는 우리가 식단을 써서 노화의 생물학적 기본 메커니즘을 강화시키거나 약화시킬 수 있다는 의미였다.

엄청난 발견일 수 있었다.

왜 그런지 설명하기 위해, 노화의 메커니즘을 좀 더 자세히 살펴보자.

우리(그리고 생쥐나 초파리, 더 나아가 효모) 몸의 생리학적 현상들은 기본적으로 상반되는 두 생화학 경로를 중심으로 펼쳐진다. 양쪽이 경쟁하면서 모든 동물에게서 두 가지 전혀 다른 생명 현상을 빚어낸다. 한쪽 연결망을 장수 경로라고 하자. 좀 더 길게 말하자면, 〈상황이 나아질 때까지 웅크린 채 기다려〉 연결망이다. 다른 쪽은 성장과 번식 경로다. 더 길게 말하면, 〈기회가 왔을 때 신나게 즐기고 나중 일은 신경 쓰지 마〉 연결망이다.

여기서 핵심은 이것이다. 이 두 체계가 서로를 억제한다는 것이다. 한쪽이 강해지면, 다른 쪽은 약해진다. 먹이와 영양소가 부족해지면, 장수 경로가 활성을 띠면서 성장과 번식 체계는 차단된다. 동물의 건강을 유지하기 위해 세포와 DNA 수선 및 유지 체계는 활성을 띠는 반면, 성장과 번식 경로는 세상이 바뀌어 먹이가 풍족해질 때까지 기다린다. 그래야 번식이라는 진화적 목표를 충족시킬 수 있으니까. 오래 기다려야 할 수도 있으니, 웅크린 채 잠자코 있다. 세상이 결코 변하지 않고 성장과 번식 체계를 켜는 데 필요한 영양소가 여전히 부족하다면, 오랫동안 자식 없이 살아갈 것이다.

119

그러나 먹이가 풍부하고 단백질을 풍족하게 얻을 수 있을 때, 장수 경로는 차단되고 성장과 번식 경로가 활성을 띤다. 그러면 몸은 새 조직을 만들기 시작한다. 그와 동시에 DNA, 세포, 조직이 닳고 찢기지 않게 보호하고 수선하는 체계를 약화시킨다. 이제 세포는 필수 단백질을 조립할 때 오류를 일으키기 시작하고, 모양이 잘못된 단백질을 비롯한 세포 내 쓰레기들이 쌓이고, 세포 분열 때 오류도 더 잦아진다. 이런 문제들은 살아가고 성장하면서 나타나는 불가피한 결과이며, 호흡을 피할 수 없는 것처럼 이런 오류도 피할 수 없다. 그 결과, 수명을 줄일 가능성이 있는 암 같은 질병에 걸릴 위험이 커진다. 그러나 진화 관점에서 보면, 동물이 성장하고 번식할 수만 있다면 그런 대가는 치를 만하다.

우리가 생쥐 연구를 통해 세계 최초로 발견한 것은 저단백 고탄 먹이가 장수 경로의 스위치를 켤 수 있다는 것이었다.

그리하여 우리는 앞 장에서 다룬 바 있는 열량 제한으로 다시 돌아간다. 이제 우리는 초파리와 생쥐를 통해 40퍼센트 열량 제한이 수명을 연장하는 이유가 열량 섭취량 그 자체 때문이 아님을 보여 주었다. 즉 다량 영양소 균형이 더 중요하며, 굳이 열량 섭취량을 제한하지 않고도 수명을 연장할 수 있다는 것을 말이다. 그러나 초파리와 생쥐 실험을 할 때, 우리는 그 동물들이 먹이에 무제한으로 접근할 수 있도록 했다. 그들은 언제든 원하는 만큼 먹이를 먹을 수 있었지만, 오직 우리가 각자에게 할당한 특정한 먹이만 먹을 수 있었다. 이는 생쥐를 대상으로 한 기존의 열량 제한 실험과 양상이 달랐다. 기존 연구에서는 동물에게 제한된 양의 먹이를 한꺼번에 준다. 그러면 동물은 곧바로 한두 시간 안에 먹이를 다 먹은 뒤, 다음 날 다시 먹이를 줄 때까지 마냥 기다린다. 지금은 전 세계 몇몇 연구진이 밝혀냈지만, 이런 상황에서는 열량 없이 지내는(단식하는) 시간이 장수 체계를 활성화한다.

따라서 생쥐의 장수 체계는 단백질 대 탄수화물의 비를 낮춤으로써 활성화할 수도 있고(이때는 반드시 총열량 섭취량을 제한하지 않아도 된다), 단식을 통해 활성화할 수도 있고, 양쪽을 조합해 활성화할 수도 있다.

우리는 생쥐 데이터를 계속 살펴보다 식단을 노화의 생물학만이 아니라 우리가 측정했던 다양한 건강 상태 중 상당수와도 관련지을 수 있다는 것을 알아차렸다. 포도당 내성과 혈중 인슐린 농도(사람에게서 제2형 당뇨병의 지표들), 혈압, 콜레스테롤, 염증 표지와 말이다. 독자는 이것들이 의사에게 검진받을 때 검사를 받는 바로 그 항목들임을 눈치챘을 것이다.

그리고 여기서도 뚜렷한 관계가 있었다. 다음 쪽의 그래프를 보라.

예를 들어, 저단백 고탄 먹이에서 포도당 제거 시간이 가장 빠르고(건강하다는 뜻이다) LDL 콜레스테롤(해로운 유형)이 가장 낮은 반면, 단백질이 증가하고 탄수화물 섭취량이 줄어들 때 표면 음영이 흑회색으로(건강에 안 좋게) 변하는 양상이 보일 것이다.

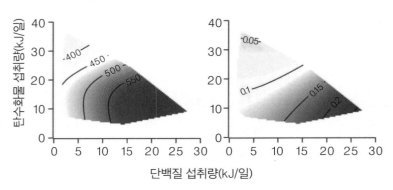

포도당 불내성   LDL 콜레스테롤

단백질과 탄수화물 함량이 서로 다른 먹이를 먹은 생쥐들의 혈당(AUC)과 나쁜 콜레스테롤 농도(mmol/l). 양쪽 다 낮은 값(저단백 고탄 섭취량과 관련 있는 더 옅은 영역)이 더 짙은 영역(고단백, 저탄 섭취량과 관련 있는)보다 건강하다.

    평생 저단백 고탄 먹이만 먹은 생쥐는 가장 오래 살았을 뿐 아니라, 노화와 노년의 건강 표지들도 가장 좋았다. 우리는 건 강하게 오래 살고 싶어 하는 사람들에게 환상적인 의미를 지닐 법한 무언가를 알아낸 것이다.

    그러나 문제가 하나 있었다. 독자는 그것이 무엇인지 이미 짐작했을 것이다.

    저단백 고탄 생쥐는 살이 쪘다.

    저단백 고열량 먹이를 계속 먹어, 고단백 생쥐보다 총열량을 더 많이 섭취했기 때문이다. 이는 생쥐에게 단백질 지렛대가 작용한 결과다. 우리가 지금까지 줄곧 보았듯이 말이다. 우리 가 지방이나 탄수화물 함량이 높은 음식을 계속 먹는다면, 단백질을 충분히 얻기 위해 과식하게 되어 당연히 살이 찐다. 말이 난 김에 덧붙이자면, 사람에 비해 생쥐에게서는 이 반응이 더 약하게 나타나지만, 그래도 비만을 일으키기에는 충분하다. 중요한 점은 에너지가 농축된 지방이나 탄수화물이 아니라 소화할 수 없는(따라서 칼로리가 0인) 섬유질로 단백질을 적절히 희석하자, 생쥐가 단백질을 얻기 위해 먹이를 더 많이 먹었으면서도 더 오래 살았다는 것이다. 그 생쥐들만이 살이 찌지 않았다.

그런데 우리 몸은 왜 살이 찌는 방향으로 먹도록 우리를 내모는 것일까? 비만은 우리 건강에 나쁠 텐데?

맞다. 그리고 어느 면에서는 아니다.

우리가 저단백 고탄 먹이를 먹고 건강하게, 오래 산 살진 생쥐와 저단백 고지방 먹이를 먹고 마찬가지로 살진 생쥐를 비교했더니, 중요한 차이점이 보였다. 후자가 수명이 더 짧고 훨씬 건강이 안 좋았다. 이는 우리가 탄수화물 대 지방의 비를 바꾸는 것만으로도 체지방률을 상대적으로 건강하게, 또는 건강하지 못하게 조절할 수 있다는 의미였다. 양쪽 사례에서 생쥐는 단백질을 더 얻기 위해 과식을 했지만, 탄수화물(적어도 실험에 쓰인 종류인 주로 녹말)을 더 먹은 쪽보다 지방을 더 먹은 쪽의 건강이 더 안 좋았다.

따라서 이제 새로운 질문은 이것이었다. 건강에 좋은 비만과 나쁜 비만은 어떤 차이가 있을까? 우리는 찰스 퍼킨스 센터의 앤드루 홈스와 함께 생쥐 잘록창자에서 단서를 찾았다. 저단백 고탄 생쥐는 저단백 고지 생쥐보다 창자에 더 건강한 미생물 공동체가 살고 있었다. 또 차이를 보인 측면들이 더 있었다. 간에서 분비되는 FGF21이라는 호르몬의 농도도 그랬다. 이 호르몬은 저단백 고탄 생쥐의 혈액에 놀라울 만치 많았다.

FGF21은 단백질 식욕 조절에서 중요한 신호 전달 분자임이 드러났다. 인슐린 민감성을 향상시킴으로써 대사 건강을 촉진한다. 즉 혈액에 든 포도당을 세포가 흡수하도록 자극하는 인슐린을 몸이 덜 만들어도 된다는 의미다. 또 FGF21은 과식하는 상황에서 에너지 지출을 늘린다. 이 두 요인은 생쥐뿐 아니라 사람에게도 중요하다. 우리는 루이지애나 페닝턴 연구소의 크리스 모리슨과 함께한 실험에서, FGF21 농도가 증가할 때 생쥐가 유독 단백질이 풍부한 먹이를 선호한다는 것을 알아냈다. 이 결과를 보자마자 우리는 (6장에서 말한) 시드니 대학교 식단 실험에 참가한 사람들에게서 채취해 저장해 둔 혈액 표본을 꺼내어 조사했다. 그들도 단백질 함량이 10퍼센트인(낮은) 음식을 먹으면서 지내는 시기에 FGF21 농도가 대폭 상승했다. 이 분야는 빠르게 발전하고 있다. 우리가 이 글을 쓰고 있는 현재, FGF21이 지금까지 놓치고 있었던 단백질 식욕 호르몬일 뿐 아니라, 탄수화물 식욕을 끄는 데도 관여한다는 사실을 확인하는 몇몇 중요한 논문이 막 발표된 상태다. 정말이라면 엄청난 돌파구가 열린 셈이다.

따라서 비만은 우리가 예상하던 것보다 더 복잡한 양상을 띠었다. 생쥐가 우리에게 알려 준 바에 따르면 그랬다. 생쥐는 단순히 날씬한 것만으로는 건강하게 오래 산다고 보장할 수 없다는 사실을 알려 주었다. 정반대로 고단백 저탄 먹이를 먹은 날씬하고 매력적인 생쥐야말로 가장 일찍 죽었다. 멋진 외모를 지닌 중년의 사체가 되었다. 이는 높은 단백질/탄수화물 비율이 빠른 노화와 관련 있는 경로의 과다 활동을 일으키는 바로 그 배합이기도 하기 때문이었다. 세포와 DNA의 수선과 유지 메커니즘을 끄고, 노화와 암을 비롯한 만성 질환들을 야기하는 배합이다.

마음에 들지 않는 결과다. 그리고 우리는 생쥐만 그런 것이 아니라고 추측한다. 아무튼 노화와 대사 측면에서 보면, 우리와 생쥐는 생물학적으로 동일한 토대 위에 있다. 앞서 말한 장수 대 성장과 번식이라는 두 경로는 생화학적으로 세세한 부분까지 거의 동일하다.

우리는 생쥐로부터 식단을 바꿈으로써 각기 다른 결과를 쉽게 빚어낼 수 있다는 것을 알았다. 마치 다이얼을 이리저리 돌리는 것과 비슷하다. 이쪽으로 조금 돌리면, 저쪽에서는 조금 멀어진다. 우리는 비만(상응하는 당뇨가 있든 없든 간에)을 가져올 수도 있고 되돌릴 수도 있다. 당뇨병을 예방하고 수명을 최대화할 수도 있다. 또는 근육을 늘리고 체지방을 줄일 수도 있다. 암을 예방하거나 촉진할 수도 있다. 노화를 늦출 수도 있고 가속할 수도 있다. 번식을 촉진할 수도 있고 억제할 수도 있다. 장내 미생물상을 바꿀 수도 있다. 면역계를 자극할 수도 있고, 그 밖의 다른 많은 일을 할 수도 있다. 우리는 단백질, 지방,

탄수화물의 다이얼을 조금 돌리는 것만으로 생쥐에게서 이 모든 일이 일어나도록 했다. 그리고 그 결과를 그래프로 명확히 보여 줌으로써, 식단을 아주 정확하게 추천할 수 있었다. 즉 생쥐의 건강에 좋은 식단이 무엇인지 알았다. 원리상 이 식단은 사람의 건강에도 들어맞는다.

그 여러 해가 지나는 사이 우리는 과학계로부터 제정신이 아닌 듯한 대규모 식단 실험을 수행한다는 평판을 얻었다. 처음에는 메뚜기, 이어서 초파리, 이제는 생쥐였다. 안타깝게도 사람을 대상으로 이렇게 빡빡하게 통제된 식단을 태어날 때부터 사망할 때까지 먹게 하면서 실험하기란 불가능할 것이다(독자도 수긍할 것이다). 그러나 우리는 초파리와 생쥐로부터 끌어낸 이 새로운 지식으로 무장하고, 사람의 식단과 수명을 연구한 문헌들로 눈을 돌렸다. 어떤 유용한 교훈을 찾을 수 있는지 알아보기 위해서였다. 사람에게서도 저단백 고탄 식단이 건강하게 장수하는 삶과 관련 있음을 시사하는 어떤 증거가 있을까?

놀랍게도, 있었다. 사실 지구에서 가장 장수하는 인류 집단들은 모두 이른바 블루 존에서 먹는 바로 그 식단을 먹고 있다. 블루 존은 댄 뷰트너가 2008년에 펴낸 저서 『세계 장수 마을 블루 존』을 통해 널리 알린 지역들이다. 블루 존에 사는 사람들은 좋은 사회적 관계와 신체적으로 건강한 생활 습관 등 비영양학적 특징들도 공통으로 지닌다. 그렇지만 오로지 우리 실험을 토대로 삼자면, 식단의 다량 영양소 균형만 보고서도 건강하게 얼마나 오래 살지 예측할 수 있다는 의미이므로 흥미롭게 그지없다.

아마 장수하는 블루 존 집단 중 가장 유명한 사례는 일본의 오키나와섬 주민들일 것이다. 그곳에는 다른 선진국보다 1백 세를 넘는 사람의 비율이 다섯 배 높다. 오키나와의 전통 식단은 주로 고구마, 잎채소, 적은 양의 생선과 살코기로 이루어진다. 단백질이 겨우 9퍼센트(식량 부족에 시달리지 않는 인류 집단 중에서 가장 낮다), 탄수화물 85퍼센트, 지방 겨우 6퍼센트로 이루어진 식단이다. 우리 생쥐를 최대 수명에 달하게 해준 식단에 들어 있는 비율과 똑같다.

전통적으로 오키나와 주민은 비만이라는 것 자체를 몰랐다. 거기에는 그들의 식단에서 섬유질의 비율이 높다는 점도 한몫했다. 섬유질은 중요하다. 식단에 섬유질이 충분하면, 열량 과잉 섭취를 일으키는 단백질 지렛대의 힘이 제약을 받는다. 섬유질은 위장을 채우고, 소화를 늦추고, 장내 미생물의 먹이가 된다. 이런 효과들이 결합되어 허기를 막는다. 이 섬유질은 대부분 오키나와의 주된 탄수화물 공급원에 들어 있다. 바로 고구마, 채소와 과일이다.

안타깝게도 지금 오키나와에서는 현대 서구식 식단이 퍼지면서 전통 식단이 외면당하는 추세이며, 그에 따라 비만과 당뇨 환자가 늘고 있다.

현대의 기준으로 보면 실현 불가능한 수준의 건강한 집단이 최근 또 한 지역에서 발견되었는데, 볼리비아의 치마네족이다.

이들은 전 세계에서 심혈관 질환 발병률이 가장 낮다. 이들은 전통적인 수렵 및 채집 생활에 화전 농법을 곁들인 삶을 살아간다. 이들의 식단은 단백질 14퍼센트, 탄수화물 72퍼센트, 지방 겨우 14퍼센트로 이루어져 있다. 단백질은 주로 사냥한 짐승과 강에서 잡은 생선에서 얻는다. 탄수화물은 대부분 현미, 바나나, 카사바, 옥수수를 통해 얻는다. 오키나와의 고구마처럼, 식물성 식품은 부피가 있는 섬유질의 함량이 높다.

이런 실제 사례들은 우리가 초파리와 생쥐 실험을 토대로 예측한 것에 들어맞는다. 거기에서 우리는 한 가지 중요한 결론에 도달했다. 실험은 특정한 식단이 우리 종을 포함해 동물의 건강에 어떻게 영향을 미치는지 이해하는 데 없어서는 안 될 도구다. 그러나 그것만으로는 부족하다. 전체 그림이 완성되려면 나머지 반쪽이 필요하다. 동물이 실험실 바깥의 실제 환경에서 살아가면서 접하는 식단이 무엇이고, 자연이 제공하는 식단에 어떻게 반응하는지도 알아야 한다. 그 반쪽도 실험 못지않게 중요하다.

그 반쪽을 조사하려면, 실험복을 벗어 걸어 놓고 야생으로 나가야 한다. 그래야 비로소 우리 자신의 식단 딜레마에 관한 근본적인 의문을 이해하는 일을 시작할 수 있다. 생물학적으로 우리가 본래 진화한 영양 세계에서 아주 멀리 떨어졌을 때, 얼마나 혼란에 빠지는지 살펴보는 일이다.

8장요약

1. 우리는 생쥐를 대상으로 대규모 연구를 시작했다. 생쥐에게 평생에 걸쳐 단백질, 탄수화물, 지방, 섬유질의 비율을 제각기 다르게 한 먹이를 한 가지만 먹이면서 이런저런 검사를 했다.

2. 초파리처럼 생쥐도 저단백 고탄 먹이를 먹을 때 가장 오래 살면서 중장년까지 가장 건강하게 지냈지만, 번식 능력은 단백질의 비율이 더 높고 탄수화물의 비율이 더 낮은 먹이를 먹을 때 최대가 되었다.

3. 저단백 식단은 성장과 번식 때 필연적으로 일어나는 손상으로부터 DNA, 세포, 조직을 보호하는 장수 경로를 켬으로써 수명을 연장했다. 장수 경로는 효모에서 인간에 이르기까지 다양한 생물에 보편적으로 존재한다.

4. 우리는 단백질, 지방, 탄수화물, 섬유질의 비율을 조절함으로써, 인슐린 내성 유무와 관계없이 비만을 예방하거나 일으킬 수 있었다. 수명을 늘리거나 줄일 수 있었다. 번식을 촉진하거나 지체시킬 수 있었다. 근육 질량을 늘리거나 줄일 수 있었다. 장내 미생물과 면역계를 변화시킬 수 있었다. 그 외에도 많은 일을 할 수 있었다. 우리는 식단을 이용해 다양한 목표를 달성하는 새로운 방법을 발견했다.

9장
먹이 환경

노벨상을 받은 물리학자 리언 레더먼은 이렇게 간파했다. 〈실험실에서 연구에 몰두하다 보면 바깥 세계를 아예 잊고 집착에 빠진다.〉 지금까지 묘사한 메뚜기, 바퀴벌레, 초파리, 생쥐 등의 동물들을 연구하면서 우리가 겪은 일에 딱 들어맞는 말이다. 이 동물들은 비만과 수명에 관한 몇 가지 근본적인 진리를 밝히는 데 도움을 주었다.

그러나 우리 생물학자들은 한 가지 중요한 점에서 다르다. 바깥 세계의 일부, 즉 해당 종이 진화하고 정상적으로 살아가는 환경을 늘 염두에 두어야 하기 때문이다. 우리가 실험실에서 관찰하는 생물학적 현상이 그런 방식으로 존재하는 이유, 그것이 동물에게 어떤 의미가 있는지, 인간의 개입으로 생태와 환경 사이 오래된 관계가 깨질 때 어떤 문제가 생길 수 있는지 이해하는 데 열쇠가 되는 것은 바로 그 환경이다.

그런 의문들을 풀기 위해 데이비드는 1989년 애리조나 사막으로 향했다. 우리가 함께 스티븐의 연구실에 앉아 대규모 메뚜기 실험에서 나온 데이터를 분석하기 2년 전 일이었다. 그는 한 특정한 곤충이 본래 살아가는 사막 환경에서 어떤 행동을 하는지 조사하러 갔다.

　날이 점점 뜨거워지고 있었는데, 나(데이비드)는 난감한 상황에 처했다.

　나는 아침 내내, 그리고 며칠째 한 메뚜기의 뒤를 몰래 따라다니는 중이었다. 섬세함이 요구되는 일이었다. 너무 가까이 다가가면 메뚜기가 겁먹고 달아날 수 있었다. 하지만 너무 멀어지면 놓칠 수 있었다. 그래서 나는 메뚜기에게 주의를 집중해야 했다. 그 바짝 타들어 가는 풍경 속을 돌아다니는 방울뱀, 타란툴라, 전갈 같은 해로운 동물들과 마주칠 때를 제외하고 말이다.

　몇 시간째 그러고 있자니, 집중력이 떨어지기 시작했다. 열기는 점점 강렬해지고, 입술은 바짝 마르고, 콧구멍과 목에는 먼지가 가득했다. 목이 말랐다.

　그제야 물과 음식이 든 백팩을 놔두고 왔다는 사실을 알아차렸다. 해가 뜨기 직전 메뚜기를 처음 발견한 덤불 밑에 그냥 놔둔 채로 왔던 것이다. 어려운 선택을 해야 하는 상황에 내몰렸다. 배낭을 가지러 돌아간다면, 메뚜기를 놓칠 것이 뻔했다. 계속 지켜보려면 물도 음식도 포기해야 했다.

　나는 그냥 있기로 했다.

　어떻게 이런 곤란한 상황에 처하게 되었고 음식과 물을 가지러 가자는 제정신이 박힌 선택을 하지 않은 이유를 이해하려면, 스티븐과 내가 그렇게 오랜 세월 협력 관계를 맺어 온 이유 중 몇 가지를 생각해 볼 필요가 있다. 공동 연구를 시작할 때 우리는 전공 분야도 경험도 서로 달랐지만, 생물학과 영양학을 이해하는 방식 면에서 공통점이 많았다.

공통점 중 한 가지는 무언가가 참이 아니기를 바랐지만 그 기대가 어긋남으로써 그 무언가를 이해하게 되는 상황을 여러 차례 겪었다는 것이다. 우리는 현대 과학의 장비와 방법이 대단히 인상적인 수준으로 발전했지만, 동물을 연구할 때는 힘들게 몸으로 고생해야만 알아낼 수 있는 사항들도 있음을 깨달았다. 몇 시간, 심지어 며칠 동안 행동을 계속 지켜보고 꼼꼼히 기록해야만 알아낼 수 있는 것들이다.

당시 우리는 메뚜기의 섭식 행동을 이해하기 위해 실험실에서 실험을 하다가 이 불편한 진실과 맞닥뜨렸다. 1장에서 묘사한 것과 같은 유형의 전형적인 실험에서는 메뚜기 약 40마리를 살펴보는데, 각 메뚜기를 필수적인 것들(먹이와 물, 평소에 올라가 쉬는 막대)만 갖추어진 작고 투명한 플라스틱 상자에 넣어서 키운다. 당시 우리는 타이머를 60초마다 삑삑 울리도록 설정해 두었다. 메뚜기들이 무엇을 하고 있는지 기록할 시점이라고 알리는 신호다. 그러면 우리는 첫 번째, 두 번째, 세 번째…… 마흔 번째에 이르기까지 메뚜기가 무엇을 하고 있는지 기록했다. 누가 하고 있든 간에 다 기록하는 데 대개 약 50초가 걸리며, 나머지 10초 동안 〈휴식〉을 취한 뒤 다시 기록을 시작했다. 이 일을 12시간이나 그 이상 매분, 매시간 계속 되풀이했다. 때로는 24시간을 넘겨 며칠째 계속하기도 했다. 정말 지겨운 작업이었다. 우리 자신의 생물학적 현상을 돌볼 수 있도록 친절한 동료, 친구, 협력자가 잠시 교대해 주는 때를 제외하고는 마라톤처럼 계속해야 했다.

우리 실험 결과는 메뚜기의 섭식 행동이 놀라울 만치 규칙적 임을 보여 주었다. 메뚜기는 일정한 주기에 따라 먹고, 마시고, 쉬곤 했다. 우리가 매일 일정한 시각에 아침, 점심, 저녁을 먹 는 것과 좀 비슷했다. 그런데 이 패턴의 정확한 세부 사항은 어 떤 종류의 먹이를 먹는지 등 상황에 따라 달랐다. 그래도 예측 가능할 때가 많았다.

그런데 한 가지 문제가 있었다. 많은 동료가 곧바로 우리에 게 상기시켰듯이, 아마 이런 실험들이 입증하는 것은 오로지 인위적으로 규칙적으로 만든 실험실 환경에서는 곤충의 행동 도…… 인위적으로 규칙적이 된다는 것뿐일 수도 있었다. 그리 고 야생에서는 상황이 전혀 다르게 전개될 가능성이 적어도 일 부는 있었다. 실제로 그러한지 알아보려면 실험실 밖으로 나가 야 했다. 그 동물이 본래 살고 진화한, 훨씬 더 대단히 복잡한 자연적인 먹이 환경에서도 섭식 행동이 규칙적인지 알아보아 야 했다.

〈먹이 환경〉은 중요한 개념이며, 나머지 장들의 주된 주제가 될 것이다. 환경에서 영양에 영향을 미치는 모든 요소를 가리 킨다. 먹이의 특성, 다양성, 양, 가용성뿐 아니라, 가용 먹이를 찾아 먹는 동물의 능력에 영향을 미치는 요소들도 포함된다. 야생의 동물에게는 포식자에게 먹힐 위험, 다른 동물과의 경쟁, 심지어 기온 같은 비생물학적 문제 등도 이런 요소에 포함될 수 있다.

우리의 과제는 실험실에서 인위적인 먹이 환경을 조성해 초인적 능력을 쏟아 실험한 기간에 상응하는 기간 동안 장기적으로 중단 없이 행동을 상세히 기록할 수 있을 만큼 충실하게 추적할 수 있는 메뚜기 종을 찾아내는 것이었다. 쉽지 않다. 한 가지 문제는 메뚜기가 작고 대개 식생을 배경으로 잘 위장되어 있다는 점이다. 즉 메뚜기는 들키지 않도록 진화해 왔다. 게다가 영장류는 메뚜기보다 몸집이 수천 배 더 커서 메뚜기를 추적하기도 어렵다. 또 한 가지 문제는 메뚜기가 위협을 느끼면 얼어붙어서 꼼짝하지 않거나 폴짝 뛰어가 날아서 달아난다는 것이다. 세 번째 문제는 추적하는 개체를 어떻게 구별할 것인가 하는 점이다. 설령 그 개체를 계속 주시할 수 있고, 그 개체가 결코 얼어붙지도 달아나지도 않는다 할지라도, 잠시 한눈파는 사이 여러 메뚜기 무리 속으로 들어간다면 어떻게 알아볼 수 있을까? 그러니 연구 전망이 그리 밝아 보이지 않았다.

바로 그때 거의 안성맞춤이라고 할 기회가 찾아왔다. 투손에 있는 애리조나 대학교의 동료 교수 리즈 버네이스가 우리에게 말느림보메뚜기라는 곤충이 있다고 알려 주었다. 영어로는 〈말 미련곰탱이〉다. 미련곰탱이라는 단어에서 왠지 언뜻 가능성이 엿보였다. 대개 그 단어는 덩치 있으면서 굼뜨고 어설퍼 보이는 사람을 가리킨다. 즉 야생에서 섭식 행동을 하는 작고 위장한 채 숨어 다니는 메뚜기와는 매우 거리가 멀다. 그런데 말느림보메뚜기는 그 이름에 걸맞게 살아간다. 메뚜기 중에서 가장 크고 가장 느리고 가장 대담할 뿐 아니라, 온통 검은색에 확연히 눈에 띄는 노란 줄무늬가 나 있다. 그리고 수컷은 거의 날지 않으며, 암컷은 아예 날지 못한다.

즉 숨지 않고 모습을 드러내는 방향으로 진화한 동물이 있었다. 이 메뚜기는 자신이 무적임을 자신하면서 의기양양하게 행동한다. 그럴 만도 한 것이 이 메뚜기의 몸에는 여러 가지 유독한 화학 물질이 섞여 있다. 선명한 색깔과 자신만만한 움직임은 〈내 주위에 얼쩡거리지 마〉라는 메시지를 전달하도록 진화했다. 이런 경계색은 독을 품은 동물에게서 종종 볼 수 있다. 그럼에도 말느림보메뚜기는 물러서지 않는 고집 세거나 상황 파악 못 하는 포식자와 마주칠 때를 대비한 예비 수단도 지닌다. 날개를 들어 올리면 새빨간 밑면이 눈앞에 드러난다. 몸 양옆으로 줄지어 뻗어 있는 숨구멍으로 지독한 냄새를 풍기는 유독한 거품을 뿜어내기 전에 하는 마지막 경고다.

그런 동물이 있다니, 당연히 배낭을 꾸려서 애리조나 사막으로 향할 수밖에.

처음 말느림보메뚜기와 지내기 시작했을 때, 나는 아무런 기록도 하지 않았다. 그냥 지켜보면서, 내 연구 동물과 사막이 내게 던져 줄 도전 과제를 알아가고자 했다. 그러나 곧 나는 말느림보메뚜기가 우리 목적에 완벽한 존재임을 깨달았다. 완벽한 메뚜기에서 겨우 한 걸음 떨어져 있는 존재였다. 부족한 것은 이름표뿐이었다. 내가 추적하는 개체를 다른 개체들과 혼동하지 않게 해줄 이름표를 달아야 했다.

나는 말느림보메뚜기의 또 다른 별난 특징을 활용해 이 문제를 해결했다. 저녁에, 하루의 섭식 활동을 끝낸 뒤, 메뚜기는 사람 어깨 높이만큼 덤불 위로 올라가서 밤을 보낼 준비를 한다. 해가 진 직후 낮에 달구어졌던 마지막 열기가 사라지면, 그들은 너무 추워서 움직일 수 없게 된다. 냉장고 자석처럼 횃대에 달라붙어 있다. 그러면 한 마리를 횃대에서 떼어 내 컬러 마커로 살짝 표식을 한 뒤, 아무 일 없었던 양 돌려놓을 수 있다. 다음 날 아침 해뜨기 전에 도착하면, 메뚜기는 예외 없이 내가 놔둔 곳에 있다. 해가 떠서 다시금 몸이 데워지면 아래로 내려가서 섭식 활동을 시작한다.

사막에서 12시간 동안 계속해서 한 메뚜기를 따라다니면서 모든 움직임을 기록하고, 나중에 어떤 식물인지 알아내기 위해 메뚜기가 먹은 모든 식물의 표본을 채집하는 일은 정말로 딴생각 없이 몰두해야만 가능한 일이었다. 게다가 잠시만 한눈을 팔면 아예 처음부터 다시 해야 할 수도 있었다. 실험실 실험에 맞먹는 수준으로 하려면, 메뚜기의 하루 섭식 활동을 고스란히 기록해야 했다. 각 성공 사례는 야생 메뚜기의 은밀한 세계를 들여다볼 유례없는 유리창이 될 터였다. 하루 내내 온전히 다 지켜보지 못한다면, 사막의 위험한 것들을 피하고 타는 듯한 열기를 견디면서 보낸 여러 시간이 그냥 헛수고가 되었다.

　이런 점들을 생각하면, 내가 왜 뜨거운 사막에서 음식과 물을 가지러 돌아가는 대신 메뚜기 곁에 머무는 쪽을 택했는지 이해가 될 것이다. 나는 등에 칠한 표식의 모양을 따서 이 메뚜기에게 두점빨강이라는 이름을 붙였다. 나는 메뚜기를 놓치지 않기 위해 허기와 갈증을 버틸 준비를 했다.

　나는 총 12건의 하루 섭식 기록을 모을 수 있었다. 그 일을 하기 위해 옥스퍼드와 애리조나 사이를 2년 동안 오가야 했지만, 그럴 만한 가치가 있었다. 우리가 실험실에서 하고 있던 모든 연구를 동물이 자연의 먹이 환경에서 하는 일과 연관 짓는 데 도움을 주었기 때문이다. 어떻게 했느냐고?

　모은 자료를 분석하니 야생 — 말느림보메뚜기가 진화한 자연의 먹이 체계 — 에서의 섭식 양상이 대단히 규칙적임이 드러났다. 실험실에서 단순화한 먹이 체계에서 살아가는 사막메뚜기에서 관찰된 것과 다를 바 없었다. 또 야생에서의 섭식 행동 양상도 실험실에서 관찰된 것과 세부적인 수준까지 똑같은 방식으로 먹이 환경의 변화에 반응했다.

　한 가지 사례는 강한 햇빛이 하는 역할이다. 메뚜기를 따라다닐 때 해가 쨍쨍하고 뜨거운 날도 있었고, 흐린 날도 있었다. 맑은 날이면 예외 없이 정오쯤 말느림보메뚜기는 나무 위로 기어올라 몇 시간 동안 그늘에서 쉬었다. 오후 3시쯤 기온이 좀 떨어지면 그제야 내려와서 다시 먹이를 찾아다녔다. 그러나 흐린 날에는 쉬지 않고 온종일 먹이를 찾아서 먹었다.

햇빛이 섭식 활동에 어떻게 영향을 미치는지 자세히 살펴보자, 한 가지 패턴이 보였다. 흐린 날에는 태양을 피해 그늘에 숨지 않아도 되므로 곤충은 더 많은 시간을 섭식 활동에 썼지만, 실제로 먹이를 먹는 데 쓴 시간은 맑은 날과 같았다. 더 선선한 흐린 날에 늘어난 시간은 더 멀리 걸어다니면서 더 까다롭게 먹이를 고르는 데 썼다. 그래서 맑은 날보다 더 다양한 먹이를 먹었다.

말느림보메뚜기를 비롯한 동물들은 왜 야생에서 먹이를 먹을 때 더 까다로울까? 당시 많은 과학자는 주된 이유가 식물이 동물로부터 자신을 지키기 위해 만드는 다양한 독성 화학 물질의 과식을 피하기 위해서라고 믿었다. 우리가 실험실에서 한 연구는 그보다 더 가능성이 높은 답이 있음을 시사했다. 동물이 균형 잡힌 영양소를 제공하는 식단을 먹으려 애쓴다는 것이다. 이 착상을 검증할 기회는 몇 년 더 지난 뒤에 찾아왔다.

이번 실험 대상은 곤충이 아니라…… 원숭이였다.

2007년 9월 나는 안식년을 맞이해 시드니 대학교에 있는 스티븐을 방문했다. 우리가 이광범의 초파리 실험(7장)에서 나온 데이터를 분석하고 있던 때였다. 그때 캔버라에 있는 오스트레일리아 국립 대학교의 박사 과정 학생인 애니카 펠턴이 우리에게 연락을 해왔다.

애니카는 박사 논문 과제 때문에 볼리비아의 정글에서 지냈다. 거기에서 멸종 위기에 처한 거미원숭이들의 섭식 행동 데이터를 수집했는데, 온갖 고생을 하면서 모은 엄청난 양의 섭식 행동과 먹이 화학 물질 데이터를 분석하고 해석하는 일을 우리가 도와줄 수 있는지 물었다. 우리는 듣자마자 흥미가 동했다. 영장류는 야생에서 영양소 조절이 이루어지는지 검증할 놀라운 집단이 될 수 있었다.

이미 우리는 영장류 한 종 — 우리 자신 — 이 영양소 섭취량을 조절한다는 것, 특히 단백질 욕구가 강하다는 것을 실험실 연구를 통해 보여 준 바 있었다. 6장에서 논의했듯이, 이는 단백질 지렛대의 토대를 이루는 생물학이었고, 우리가 인간의 건강에 중요한 의미를 지닐 수 있다고 믿는 발견이었다. 우리는 이 특성의 기원과 기능을 더 알고 싶었다. 다른 영장류도 이 특성을 지닐까, 그것은 왜 진화했을까, 이 특성을 이해하면 영장류 보존에 도움이 될 수 있을까?

또 우리는 교란되지 않은 먹이 체계에서 영양소 조절을 하는지 검증하는 데 필요한 바로 그 데이터를 모으고자 할 때 다른 동물들보다 영장류가 더 낫다는 것도 알고 있었다. 다른 대다수 야생 동물과 달리, 영장류는 위협하지 않는 인간 관찰자를 그냥 무시하는 법을 배울 수 있다. 습관화라는 이 과정을 통해 노련한 관찰자는 연구 대상에 아주 가까이 다가가 실험실에서 곤충을 연구하는 것처럼 상세히 행동을 기록할 수 있다.

애니카는 탁월하게 조사를 했다. 각 원숭이를 새벽부터 저녁까지 따라다니면서 무엇을 먹는지 하나하나 기록했다. 내가 애리조나 사막에서 메뚜기를 따라다니면서 한 일과 거의 비슷했다. 그런데 그녀는 매번 식사 때 각각의 먹이를 얼마나 먹었는지도 기록했다. 이를테면 X종의 무화과를 작은 것 10개와 중간 것 5개, Y종의 작은 잎 6개와 큰 잎 4개를 먹었다고 기록했고, 원숭이가 먹은 것들의 표본을 채집해 나중에 실험실에서 화학적 분석을 했다. 야생에서 영장류가 영양소 조절을 하는지 조사하는 데 필요한 바로 그 일을 그녀가 했던 것이다. 그러나 우리는 나중에 알게 되었지만, 애니카는 그 데이터를 얻기 위해 온갖 일을 겪었다.

2003년 애니카는 지구의 숲을 지키는 일에 열정적으로 헌신하고 있던 동료 애덤과 함께 볼리비아로 가서 야생 생물 보전 협회 자원봉사자로 일했다. 그들은 볼리비아 북서부 아마존강 유역의 마디디 국립 공원을 탐사하다가 새로운 원숭이 종을 발견했다. 세상의 주목을 받을 만한 사건이었고, 평생 누구도 접하기 어려운 아주 특별한 경험이었을 것이다. 그런 한편으로, 그런 일이 어딘가에서 일어난다면 마디디야말로 딱 맞는 곳이다. 그곳은 세계에서 가장 넓은 보전 구역 중 일부이자 생물학적 다양성이 가장 높은 곳에 속한다. 그다음에 훨씬 더 놀라운 일이 일어나는 것도 바로 그 때문이다.

새로 발견된 종에 학명을 붙이는 일은 흥미롭다. 때로 과학자는 발견한 신종에 자기 이름을 붙이기도 한다. 더 흔한 방식은 그 동물의 어떤 독특한 점이나 서식지를 알려 주는 학명을 붙이는 것이다. 집파리Musca domestica가 한 예다. 속명인 무스카는 그 종이 속한 파리 집단을 가리키고, 종명인 도메스티카는 우리 집에 사는 습성을 지닌다는 뜻이다. 유명 인사를 기리는 이름이 붙은 종도 있다. 한 예로, 2009년 웨스턴오스트레일리아 박물관 과학자들은 새로운 생물 16종에 이름을 붙였는데, 그중 11종은 종명이 다르위니이고, 한 해파리는 프랭크 자파의 이름을 따서 피알렐라 자파가 되었다. 2005년에는 균류에서 자라는 변형균을 파먹는 딱정벌레들에 조지 W. 부시, 딕 체니, 도널드 럼즈펠드의 이름을 딴 학명들이 붙었다. (그 과학자들은 정치적으로 보수적이었지만, 영예를 안겨 주겠다고 붙인 이름은 아니었다!)

애니카와 밥 월리스가 이끄는 연구진은 다른 접근법을 취했다. 그들은 그 신종에 학명을 붙일 권리를 경매에 부치기로 했다. 이윽고 정해진 학명은 플렉투로케부스 아우레이팔라티이였다. 종명은 〈황금 궁전〉이라는 뜻이다. 같은 이름의 온라인 카지노 사이트의 이름을 땄다. 황금 왕관을 쓴 듯한 모습이 이 원숭이의 특징임을 생각하면, 딱 들어맞는다. 카지노는 65만 달러를 내고 그 이름을 붙일 특권을 얻었다. 이 과정에서 얻은 수입은 모두 마디디 국립 공원에 있는 황금궁전원숭이의 서식지를 보호하는 일에 기부되었다.

애니카는 그 일을 계기로 열정적으로 영장류를 연구하기에 이르렀는데, 영장류가 우리 종의 카리스마 넘치는 지적인 친척이어서도, 이름 지을 권리를 판매하는 일이 꽤 수익이 날 수 있기 때문도 아니었다. 오히려 그녀는 원숭이가 숲의 생태 경제에서 맡은 복잡하면서 중요한 역할을 이해하고, 원숭이가 자신이 사는 숲을 유지하는 데 어떤 기여를 하는지 알고 싶었다. 짐작할 수 있겠지만, 이런 정보는 보전 활동에 매우 중요하다.

애니카는 볼리비아 라촌타 벌목 허가지에 사는 멸종 위험에 처한 거미원숭이 집단을 연구하기로 했다. 그녀가 고른 지역은 파괴되지 않았지만, 벌목 허가지여서 앞으로 벌목이 이루어질 수 있었다. 따라서 영장류가 어느 나무 종에 왜 의지하는지 아는 것이 매우 중요했다. 애니카는 그것이 원숭이를 보호하면서 숲을 지속 가능하게 벌목할 수 있는 유일한 방법임을 알았다.

애니카가 연구를 위해 고른 지역이 파괴되지 않았다는 말은 과소평가한 것이다. 그 지역은 비포장도로도 산길도 야영지도 없으며, 심지어 지도조차 없다. 그녀는 먼저 그 지역을 잘 아는 주민 한 명과 자원봉사자 세 명의 도움을 받아 원숭이 무리가 어디 있는지 찾았다. 그런 뒤 야영지를 짓고 무리를 살피러 돌아다닐 때 쓸 숲길을 냈다.

연구진이 처음에 발견한 원숭이들은 약 50마리로 이루어진 큰 무리였는데, 환영 인사 같은 것은 전혀 없었다. 그들은 사람을 거의 본 적이 없었고, 변화를 받아들일 의향도 전혀 없었다. 그들은 화를 내면서 막대기를 던지고 나뭇가지를 마구 흔들면서 비명을 질러 댔다. 그러나 연구진은 꿋꿋하게 버텼고, 6개월 동안 무리가 허락하는 거리까지 다가가서 점잖게 방해하지 않고 그들을 지켜보았다.

그 인내심은 이윽고 보상을 받았다. 서서히 어린 원숭이들은 나무에서 내려와 이상하게 생겼지만 이제는 익숙해진 방문자들을 호기심 어린 시선으로 바라보기 시작했다. 막대기를 던지고, 나뭇가지를 흔들어 대고, 비명을 질러 대는 행동도 잦아들다가 이윽고 사라졌다. 애니카 연구진은 마침내 가까이 다가가서 마치 같은 식탁 앞에 앉아 보는 것처럼 그들의 섭식 행동을 자세히 관찰할 수 있었다.

바로 그때 재앙이 닥쳤다. 먼저 애니카가 뎅기열에 걸렸다. 모기가 옮기는 바이러스로 생기는 지독한 병이었다. 이 병에 걸리면 극심한 두통, 근육통과 관절통, 극심한 피로, 구토, 설사, 발진, 잇몸 출혈 등 갖가지 증상이 나타난다. 뎅기열은 문명 세계의 안전을 위협할 만큼 나쁘지만, 지도에조차 나와 있지 않은 오지 숲에서는 진정으로 끔찍하다. 애니카가 회복되고 얼마 지나지 않아 자연은 다시금 심술을 부렸다. 엄청난 폭풍이 정글을 휩쓸고 지나가면서, 연구진의 소중한 물탱크가 부서지는 등 야영지가 쑥대밭이 되었다. 처음부터 다시 시작하는 수밖에 없었다. 이번에는 물탱크 대신 아예 댐을 쌓았다.

뎅기열과 강력한 폭풍의 후유증이 아직 가시지 않았는데, 세 번째 재앙이 닥쳤다. 이번에는 무시무시한 산불이었다. 다시 짓기 싫어, 애니카는 불길이 닥치기 전에 서둘러 땅을 파고 야영지 주위에서 불에 탈 만한 덤불들을 모두 제거했다. 평소 같았으면, 이 또한 그저 하나의 도전 과제로 여겼을 것이다. 그러나 애니카는 얼마 전부터 두통을 앓고 있었다. 뎅기열의 후유증이거나 장시간 나무 위 원숭이를 올려다보느라 생긴 증상이라고 여겼다. 그런데 이제는 욕지기까지 나오기 시작했다. 야영지를 뒤덮고 있는 매캐한 연기 때문에 호흡을 제대로 못 해 나타나는 것이 분명했다. 결국 그녀는 더 이상 견디지 못하고 무선으로 도움을 요청했다. 조금만 늦었어도 큰일 날 뻔했다는 사실이 드러났다. 태우러 온 차량이 엉성한 길을 달려갈 때 양쪽에서 화염이 넘실거렸다.

당시에는 아주 운이 좋았던 것 같았지만, 이 세 번째 위기는 〈세 번째 모험의 행운은 전설이 된다〉라는 빅토리아 시대 시인 엘리자베스 배럿 브라우닝의 말에 거의 딱 들어맞았다. 연구진은 가장 가까운 대도시인 산타크루스로 가서 다시 모였다. 숲은 계속 불타고 있었다. 대개 볼리비아 정글 같은 지내기 힘든 환경에서 장기간 지내다가 문명 세계로 복귀하면 아이처럼 환호성을 지르기 마련이다. 새로운 사람들을 만나고, 다른 음식을 먹고, 전기와 수돗물처럼 우리가 당연시하는 기본적인 편의 시설을 만끽하니까.

애니카는 그렇지 못했다. 두통이 계속되었고, 욕지기도 그치지 않았다. 그녀는 검진을 받아 보기로 했다. 검진을 받은 그녀는 자신을 정글에서 내몰아 의학의 손길이 닿는 곳에 다다르게 해준 불길에 더욱 고마운 마음을 갖게 되었다. MRI를 찍자 뇌에 치명적인 기생충처럼 호두만 한 종양이 보였다. 사흘 뒤 그녀는 수술을 받으러 오스트레일리아로 돌아갔다(수술은 잘되었고, 그녀는 잘 치료받은 뒤 다시 연구자로 돌아갔다).

처음 현장에 도착했을 때부터 불길을 피해 달아날 때까지, 15개월이 흘렀다. 그 기간에 그녀는 온갖 고난을 견뎌 냈을 뿐 아니라, 원숭이의 섭식 활동을 온종일 기록한 자료를 38건 모았다. 2007년 시드니 대학교에서 함께 앉아 그 자료를 보고 있을 때, 우리는 그녀가 그것을 모으는 동안 어떤 고난을 겪었는지 전혀 알지 못했지만, 그 자료의 가치를 즉시 알아차렸다.

애니카의 연구 결과를 이해하려면, 원숭이가 무엇을 먹는지 생각할 필요가 있다. 그들의 식단은 다양한 종의 익은 열매, 덜 익은 열매, 꽃, 어린잎과 다 자란 잎 등 몇 종류의 먹이로 구성된다. 이 모든 먹이 중에서 그들은 한 종류의 무화과에서 맺히는 익은 과일을 특히 좋아한다. 열리기만 하면 다 찾아 먹는다.

당연히 애니카는 그들이 이 무화과를 왜 그렇게 좋아하는지 궁금해졌고, 그래서 그 성분을 자세히 살펴보았다. 그 열매에 원숭이의 먹이 환경에 부족한 어떤 영양소가 매우 농축되어 있을 가능성도 있었다. 모르몬 여치가 희소한 단백질을 얻기 위해 서로를 먹는 것처럼. 그러나 이 영장류에게는 단백질이 희소 영양소일 가능성이 낮았다. 단백질은 그들이 사는 숲 전체에 널려 있었으니까. 어린잎에는 단백질이 풍부한데, 열대림에는 어린잎이 부족할 일이 없다. 원숭이에게 무화과를 탐닉하게 만드는 것은 지방과 탄수화물일 가능성이 더 높아 보였다. 그런데 무화과에는 원숭이를 덜 흥분하게 만드는 다른 몇몇 열매보다 지방과 탄수화물 함량이 그다지 높지 않다고 나왔다.

그러다가 애니카는 뭔가 흥미로운 점을 눈치챘다. 숲에는 원숭이들이 좋아하는 무화과가 없을 때도 많았다. 그럴 때 원숭이는 많은 다양한 먹이를 먹었다. 그중 무화과와 성분 조성이 같은 것은 전혀 없었다. 그런데 그 먹이들을 다 더하면 언제나 그들이 좋아하는 무화과 열매에 들어 있는 것과 단백질, 지방, 탄수화물의 혼합 비율이 거의 정확히 똑같았다.

따라서 이런 결론을 피할 수 없을 듯했다. 원숭이는 그 무화과에 다량의 영양소들이 최적의 균형을 이루어 들어 있기에 그것을 좋아한다는 것이다. 그 무화과를 구할 수 없을 때는 다른 먹이들을 어떻게 조합해서 먹어야 균형 잡힌 식단이 되는지 어떻게든 알고 있었다. 이 연구와 그 뒤로 다른 영장류 종들을 대상으로 이루어진 많은 연구는 영양소 균형이 실험실 연구에만 한정된 것이 아님을 명백히 보여 준다. 야생에서 영장류도 똑같이 영양소를 균형 있게 섭취한다. 또 애니카의 발견은 실용적 측면에서도 중요한 혜택을 줄 수 있었다. 볼리비아 무화과라는 이 종은 원숭이만 좋아하는 것이 아니라 벌목업계도 좋아한다. 이 새로운 정보는 볼리비아 당국이 이 나무를 보전하는 것이 중요함을 깨닫게 하는 데 도움을 줄 수 있었다.

애니카의 데이터에서 우리가 조사할 필요가 있는 질문이 하나 더 있었다. 우리가 가장 들뜬 마음으로 알아보고 싶었던 질문이기도 했다. 〈좋아하는 무화과도 없고 먹이들을 적절히 조합해 원하는 다량 영양소 균형을 갖춘 식단을 구성할 수도 없을 때, 원숭이들은 어떻게 대응할까?〉 우리는 비슷한 상황에서 인간이 지방과 탄수화물을 과식하든지(저단백질 식단일 때) 부족하게 먹든지(고단백질 식단일 때) 간에 단백질을 충분히 얻을 때까지 계속 먹으리라는 것을 이미 알고 있었다(6장 참조). 야생의 원숭이도 같을까?

결과는 명백했다. 거미원숭이는 우리가 실험실에서 인간을 비롯한 많은 종에게서 관찰한 것과 똑같이 행동했다. 지방과 탄수화물 섭취량을 다르게 하면서까지 단백질 섭취량을 일정하게 유지하고자 했다. 즉 식단의 다량 영양소 균형이 상황에 따라 달라졌다. 이 발견에 우리는 흥분했다. 인간 이외 영장류가 우리 종과 동일한 양상으로 영양소를 조절한다는 것을 보여 준 최초의 사례였다. 단백질을 우선시하는 양상 말이다.

야생에서 어떤 동물이 사람과 비슷한 영양소 조절 양상을 보인다는 최초의 사례였으므로, 꽤 중요한 발견이었다. 그러나 이 사례가 모든 영장류, 아니 다른 몇몇 영장류나 다른 어떤 종이 이런 식으로 식단의 균형을 조절하는 능력을 지닌다는 의미는 아니었다.

우리가 우간다의 숲으로 간 것은 바로 그 때문이다. 그곳에서 나는 영장류 영양 생태학 전문가인 친구이자 동료 제시카 로스먼과 함께 마운틴고릴라를 조사했다. 그들은 그 숲에서 한해 중 4개월은 탄수화물이 풍부한 열매와 단백질이 풍부한 잎을 구할 수 있다. 그래서 고릴라는 단백질이 19퍼센트라는 선호하는 식단 균형을 이룰 수 있다. 나머지 8개월 동안은 열매가 거의 없어, 고릴라는 오로지 잎으로만 이루어진 단백질 함량이 31퍼센트인 식단으로 살아가야 한다. 다른 거의 모든 초식 동물의 식단보다 더 높고 개의 식단과 비슷한 수준이다(5장 참조).

고릴라가 사람이나 거미원숭이와 비슷하다면, 열매가 거의 없는 이 8개월 동안 단백질을 목표 섭취량만큼 섭취할 것이고, 그 결과 열매를 먹는 시기보다 지방과 탄수화물을 훨씬 덜 섭취하게 될 것이다.

　그러나 그렇지 않았다. 그들은 에너지가 풍부한 지방과 탄수화물을 계속 일정한 양으로 먹기 위해 단백질을 과식했다. 흥미로운 결과였다. 이제 우리는 야생에서 영장류마다 식단 균형의 변화에 반응하는 양상이 다르다는 것을 알았다. 거미원숭이는 사람과 비슷했지만, 고릴라는 아니었다.

　고릴라는 이 방면으로 왜 그렇게 다른 것일까? 우리가 실험실에서 곤충을 비롯한 동물들을 대상으로 한 연구가 답을 제시하는 듯도 하다. 우리는 고릴라처럼 대처하는 종들이 모두 포식자임을 알아차린 바 있다. 고릴라와 포식자의 공통점은 식단의 단백질 함량이 매우 높다는 것이다. 포식자는 고기를 먹으며, 마운틴고릴라는 한 해의 8개월 동안 단백질 함량이 인간에게 전형적인 수준(약 15퍼센트)보다 약 두 배 높고(31퍼센트) 거미원숭이의 식단(약 10퍼센트)보다는 세 배 높은 잎을 먹는다.

　식단의 단백질 함량이 아주 높기에, 포식자와 고릴라는 동일한 문제에 직면한다. 에너지 수요를 충족시킬 만큼 지방과 탄수화물을 충분히 먹어야 한다는 것이다. 7장에서 살펴보았듯이, 그렇지 못하면 심각한 문제가 생길 수 있다. 개체군 감소로 이어질 수도 있다. 따라서 양쪽 집단이 설령 단백질 과식으로 이어질지라도 지방과 탄수화물 목표 섭취량을 달성하는 것을 가장 우선순위에 놓는 식으로 다량 영양소 섭취를 조절한다고 해도 놀랄 이유가 없다.

사람, 거미원숭이, 고릴라를 비교하자, 한 가지 중요한 메시지가 나타났다. 한 동물 집단(여기서는 영장류) 내에서도 먹이 환경에 따라 식욕이 서로 달라지는 쪽으로 진화할 수 있다는 것이다. 2012년 제시카와 내가 미국 형질 인류학회 초청으로 오리건주 포틀랜드에서 열린 학술 대회에 논문을 발표하러 갔을 때, 이 수수께끼에 또 한 가지 정보를 — 그 외에도 훨씬 많은 지식을 — 추가할 기회가 생겼다.

내가 당시 체류하고 있던 뉴질랜드에서 포틀랜드까지 기꺼이 장거리 여행에 나선 한 가지 이유는 제시카가 친구이자 동료인 에린 보걸과 만날 약속을 잡아 놓았기 때문이다. 우리는 에린이 연구하는 동물을 대상으로 영양소 선택을 이해할 공동 연구 과제를 수행한다는 계획을 짰다. 보르네오의 야생 오랑우탄이 대상이었다.

그때 에린은 이미 엄청난 양의 자료를 모은 상태였다. 몇 년에 걸쳐 매일 관찰해서 얻은 수천 시간 분량의 오랑우탄 약 50마리에 대한 자료였다. 자연적인 먹이 환경에서 단백질이 어떤 역할을 하는지 더 제대로 이해할 완벽한 기회처럼 보였다.

보르네오는 연구하기 매우 힘든 곳이었다. 연구진은 오전 4시경에 야영지를 떠나 어두컴컴한 숲으로 들어갔다. 곳곳에

습지가 널려 있어 임시로 깐 발판을 딛고 돌아다니는 것이 유일하게 합리적인 방안이었다. 우리는 도착한 직후, 숲으로 들어가는 길에 놓인 발판 위를 커다란 킹코브라가 기어가는 것을 보았다. 또한 같은 발판 위에서 구름표범도 목격했다.

대개 우리는 헤드램프의 광선 방향을 따라갈 때 자신이 어디로 향하는지 정확히 알았다. 전날 바로 그 길을 따라 오랑우탄을 추적했고, 밤에 오랑우탄이 섭식 활동을 멈추고 잠을 잘 둥지를 지을 때, GPS로 그 위치를 정확히 표시해 두었기 때문이다.

다음 날 아침 우리는 아직 컴컴할 때 둥지에 도착하곤 했다. 내가 애리조나에서 말느림보메뚜기를 연구할 때 하던 방식과 거의 동일했다. 우리는 나무 위에서 자고 있는 오랑우탄을 깨우지 않게 조심하면서, 습지 바닥 위로 솟은 나무에 휴대용 해먹의 끈을 묶은 뒤, 오랑우탄이 깨어날 때까지 컴컴한 가운데 해먹 위에서 조용히 기다렸다. 소중한 시간이었다. 수십만 년 동안 존속해 온 숲이 깨어나는 소리를 고스란히 들을 수 있었고, 컴컴했던 나무 꼭대기가 서서히 회색으로 변하다가 이윽고 녹색을 띠는 광경을 지켜볼 수 있었다. 때로 보슬보슬 비가 내리기도 했다.

그러다가 나무 위쪽에서 움직이는 소리가 들리면서 대개 축축한 나뭇잎들이 우수수 떨어지면, 우리는 하루 일과가 시작되었음을 알아차렸다. 그러나 그 뒤 무슨 일이 일어날지는 전혀 알 수 없었다. 때로는 아무 일도 일어나지 않은 채 긴 시간이 흐르곤 했다. 즉 오랑우탄은 먹지도 않고 다른 곳으로 움직이지도 않은 채 가만히 있곤 했다. 우리는 대기하면서 그 시간을 휴식할 기회로 삼았다. 오랑우탄이 먹이를 먹을 때면, 온 정신을 기울여 그 행동을 꼼꼼히 기록했다. 그러다가 어느 시점에 이르면 오랑우탄은 이동하기로 마음먹고, 대개 다른 먹이가 있는 곳으로 향했다.

그러면 우리도 즉시 행동해야 했다. 재빨리 해먹에서 내려와 배낭을 꾸린 다음, 뒤따랐다. 나무 위에서 돌아다니는 전문가답게, 오랑우탄은 발판이나 숲길을 따라가는 것이 아니기에 땅에서 뒤따르는 일은 여간 고역이 아니었다.

어느 날 나는 에린 밑에 있는 박사 과정 학생 샤우힌 알라비와 함께 현장에 갔다. 샤우힌은 습지림에서 유인원을 따라다니지 않을 때면 킥복싱 경기에 나간다. 우리는 결코 게으르지 않았지만, 한 오랑우탄과의 만남은 우리 둘을 시험에 들게 했다.

그날도 처음에는 그저 평범하게 시작되었다. 우리가 고른 개체인 주니는 깨어나서 아침을 조금 먹은 뒤 그냥 머물러 있다가 조금 움직여 잎을 뜯어 먹고 다시 조금 이동하곤 했다. 결코 멀리까지 돌아다니는 일이 없었다. 그런 행동이 몇 시간째 이어졌다. 그렇게 대기하고 있자니 배가 고파, 나는 배낭에서 점심을 꺼냈다. 내가 먹기 시작했을 때, 갑자기 오랑우탄이 목적을 지닌 양 움직였다. 우리는 서둘러 음식과 해먹을 챙겨 뒤따랐다. 얼마 뒤 주니는 자리를 잡았고, 우리도 그 나무 아래에서 멈추었다. 다시 장시간 대기하게 될 것 같아 내가 점심을 꺼내는 순간, 그녀는 다시 이동하기 시작했다. 이런 절망적인 양상이 몇 차례 되풀이되었다. 그러다가 더욱 안 좋은 상황이 벌어졌다.

오후 2시 30분쯤, 그녀는 다시 움직이더니 이번에는 멈추지 않았다. 이미 발판이 깔린 길 너머까지 간 터라, 우리는 이제 습지를 건너고 쓰러진 나무를 타 넘고 칼날처럼 날카로운 잎과 가시로 가득한 빽빽한 덤불을 뚫고 길도 없는 곳을 나아갔다. 나는 몇 차례 진흙 속에 거의 무릎까지 빠지기도 했다. 그럴 때면 먼저 신발을 벗어 발을 빼낸 뒤, 늪에서 신발을 꺼내야 했다.

두 시간 넘게 그러고 나서야 주니는 이윽고 멈춘 뒤, 주변에서 먹이를 뒤적거리기 시작했다. 우리 몰골은 엉망진창이었다. 손은 여기저기 베이고, 팔은 온통 긁힌 자국이고, 양말은 진흙 범벅이 되어 있는데, 폭우까지 내리면서 빗물이 방수 옷을 뚫고 온몸을 적시기 시작했다. 우리는 그나마 이제 주니가 정착해 밤을 보낼 둥지를 지을 때가 되었으니 다행이라고 생각했다. 그러면 야영지로 돌아가 거머리가 들러붙어 있는지 살펴보고, 몸을 말리고, 저녁을 먹은 뒤, 다음 날 다시 따라다닐 수 있게 휴식을 취할 수 있을 테니까.

그런데 그 날은 그렇게 운이 좋지 못했다. 오랑우탄은 마치 둥지를 지으려는 듯 주변을 둘러보면서 계속 이랬다 저랬다 했다. 둥지를 짓기 시작했다가 그만두고, 다시 다른 곳에서 짓기 시작하곤 했다. 이윽고 그녀가 자리를 잡았을 때, 숲은 새벽에 우리가 들어왔을 때만큼 컴컴해져 있었다. 마치 며칠이 지난 것처럼 느껴졌다. 그녀가 보르네오의 습지림에서 오랑우탄을 따라다니는 일이 얼마나 어려운지 우리에게 알려 주려는 것처럼 느껴졌다. 우리는 아주 허우적대면서, 그리고 명확하게 알아들었다.

그래도 그럴 만한 가치가 있었다. 관찰 자료를 영양소 섭취량으로 전환해 기하학적 그래프로 나타내자, 가다가 멈춰 서 이번에는 잎을 먹고 다음에는 열매[2]를 먹다가 다시 옮기곤 하면서 아무렇게나 먹는 것처럼 보였던 행동이 너무나 완벽하게 이치에 맞는다는 것이 드러났다. 특히 에린이 여러 해 동안 오랑우탄 수십 마리를 조사하면서 모은 더 큰 자료 집합과 결부시키자 더욱 그러했다.

특정한 날에 우리가 지켜본 것, 즉 잎과 열매를 얼마나 많이 먹었는지, 어디로 얼마나 이동했는지에 상관없이 늘 한결같은 것이 하나 있었다. 그들이 매일 먹는 단백질의 양이 동일했다는 점이다. 반면에 지방과 탄수화물 섭취량은 매일, 매주, 매달, 매년 크게 달라지기도 했다. 그런데 이 차이조차 매우 일관성이 있었다. 식단에 열매가 풍부하다면, 따라서 단백질의 비율이 낮다면 지방과 탄수화물 섭취량이 많았다. 반면에 열매가 적고 잎이 풍부하다면, 지방과 탄수화물 섭취량이 적었다.

우리는 한 유인원에게서 보았던 바로 그 단백질 중심의 행동이 인간의 비만 유행의 토대를 이루고 있을 것이라고 강하게 추측한다. 오랑우탄이 우리 종을 더 깊이 이해하는 데 도움을

2 오랑우탄이 먹는 열매는 주로 과육이 많은 과일에 해당하는 것들이다.

줄 수 있을까? 이 질문에 답하려면, 오랑우탄의 지방과 탄수화물 섭취량이 비만과 관련 있을지 알아야 했다. 그들은 섭취한 열량을 지방으로 저장할까, 아니면 그냥 내보낼까? 저장한다면, 왜 저장할까?

지금쯤 알아차렸겠지만 연구, 특히 야생에서의 연구는 온갖 도전 과제로 가득하다. 방해하지 않으면서 야생 오랑우탄의 체중이나 체지방을 재는 일도 그렇다. 하지만 영장류 학자들은 아주 영리한 측정 방법을 지니고 있다. 어떻게 잴까?

지켜보는 연구자는 특수한 과학 장치를 갖추고 있다. 다른 과학 장치 대부분은 공학자들이 발명한 것이지만, 이 장치는 야외 생물학자들이 직접 창안했다. 이 장치는 끝이 둘로 갈라진 긴 막대기로 이루어져 있는데, 맨 끝의 짧게 갈라진 부위 사이에 걸쳐 투명한 비닐봉지가 묶여 있다. 오랑우탄은 때로 활동을 멈추고, 나뭇가지 위에 가만히 있다가 맑은 노란 오줌을 쏟아 낸다. 이때 빨리 반응해야 한다. 그러면서도 조심스럽게 행동해야 한다. 아무튼 경험이 좀 쌓이면, 신선한 오줌 — 동물의 몸에서 나온 뒤 오로지 공기와만 접촉한 — 표본을 주머니에 담을 수 있다. 소변을 즉시 멸균 상태의 작은 플라스틱 용기로 옮긴 뒤, 나중에 실험실에서 동물이 생리 상태에 따라 서로 다른 농도로 분비하는 주요 화학 물질을 분석한다.

그중에 C-펩티드라는 화학 물질은 세포가 얼마나 혈액에서 포도당을 흡수해 지방으로 저장할지 알려 주는 표지가 된다. 의학계에서는 이 표지를 인슐린을 만드는 췌장 세포의 기능을 평가하는 데 쓴다. 인슐린은 지방 세포가 혈액에 있는 포도당을 흡수하게 만드는 호르몬이다. 한편 케톤이라는 화학 물질 집단은 정반대 사실을 알려 준다. 저장된 지방이 얼마나 꺼내져 에너지 생산에 쓰이는지 알려 주는 척도다. 사람이 굶주릴 때면 케톤의 양이 증가하며, 또 살을 빼기 위해 탄수화물을 적게 먹는 다이어트를 할 때도 몸이 체지방을 태우므로 체내 케톤 농도가 증가한다.

이 화학 물질 정보원들은 흥미로운 이야기를 들려준다. 열매가 많아 에너지가 풍부한 식단을 제공할 때는 소변의 C-펩티드 농도가 높고 케톤의 농도가 낮다. 즉 오랑우탄은 풍족한 탄수화물을 체지방으로 저장한다. 반면에 케톤은 열매가 드물어지고 식단이 주로 단백질이 풍부한 잎으로 이루어지는 시기에 최대 농도에 다다른다. 이 시기에는 저장된 지방을 에너지로 쓴다는 뜻이다. 이는 사람과 마찬가지로 오랑우탄의 체지방도 에너지 섭취량 변화와 관련 있음을 보여 준다.

이 양상은 오랑우탄의 생태에 비추어 보면 완벽하게 이치에 맞는다. 보르네오섬의 숲에서는 열매를 언제 구할 수 있을지 예측 불가능하다. 남아돌 만큼 많이 열릴 때도 있고, 거의 보기 어려울 때도 있다. 이런 불확실한 상황에 대처하기 위해 오랑우탄이 택한 전략은 먹을 수 있을 때 지방과 탄수화물을 많이 먹어 두고, 구하기 힘든 시기에는 체지방으로 버티는 것이다. 한편 잎은 언제나 풍족하므로, 단백질은 언제든 필요한 만큼 확보할 수 있다.

애리조나 사막의 말느림보메뚜기에서 거미원숭이, 고릴라, 오랑우탄에 이르기까지, 자연의 먹이 환경에서 동물들의 섭식 행동을 연구할 때 겪는 고생과 흥분에는 충분한 보상이 뒤따랐다. 우리가 실험실의 단순하면서 고도로 규칙적인 조건에서 알아낸 것과 같은 영양소 조절이 야생의 섭식 행동에서도 아주 중요한 역할을 한다는 사실을 처음으로 우리에게 알려 주었다.

또 영양을 이해하려면 동물이 살아가는 먹이 환경에서 식욕이 어떤 역할을 하는지 알아야 한다는 것도 보여 주었다. 한낮의 뜨거운 기온은 말느림보메뚜기가 먹는 먹이의 다양성을 줄이지만 양은 아니었다. 열매가 적은 숲에 사는 마운틴고릴라는 에너지를 제공하는 지방과 탄수화물을 충분히 섭취하기 위해 단백질을 과식한다. 거미원숭이와 오랑우탄은 열매를 구할 수 있는지 여부에 따라 지방과 탄수화물 섭취량을 다양하게 조절하면서도 단백질 섭취량을 일정하게 유지한다. 우리가 하듯이 말이다.

이 모든 깨달음이 우리 종의 영양을 이해하고 개선하는 데 어떻게 도움을 줄 수 있을까? 다음 세 장에 걸쳐 이 질문을 다루기로 하자.

9장 요약

1. 먹이 환경이라는 말은 환경에서 식단과 영양에 영향을 미치는 요소들을 가리킨다. 가용 먹이의 종류와 양, 그런 먹이의 섭취에 영향을 미치는 것들이 그렇다.

2. 자연의 먹이 환경에서 동물을 연구하는 일은 강한 단백질 식욕처럼 실험실 연구에서 우리가 관찰한 특성들이 동물의 정상적인 삶에서 어떤 역할을 하는지 이해하는 데 중요하다.

3. 자연의 먹이 환경에서, 우리의 야생 영장류 사촌은 영양소 균형이 잡힌 식단이 구성되도록 먹이들을 조합해 고른다. 자연적인 환경 변화로 구할 수 있는 먹이가 달라지면서 그런 식단을 구성할 수 없을 때를 대비해, 동물은 식단의 불균형을 해소할 특수한 방안을 진화시켰다.

4. 오랑우탄은 숲 서식지에서 탄수화물과 지방이 풍부한 열매가 많아지고 적어지는 자연적 변화에 적응해 있다. 열매의 많고 적음에 상관없이, 그들은 강한 단백질 식욕 덕분에 단백질을 너무 많이 먹지도 너무 적게 먹지도 않는다. 열매가 풍부할 때는 열매를 아주 많이 먹어 그 에너지를 체지방으로 저장했다 열매가 희귀해지는 시기에 에너지 생산에 쓴다.

5. 동물이 적응해 있는 먹이 환경에 영구적인 변화가 일어나면 어떤 일이 벌어질까?

10장
먹이 환경의 변화

2018년 9월 어느 하루는 유달랐다. 야외 생물학자에게도 그러했다. 힘든 신체 활동을 마치고 노곤하면서 흡족한 기분에 휩싸인 채 나는 드넓은 원시적 풍경을 경외심을 갖고 바라보았다. 공기는 희박하고 건조했으며, 황금빛 태양에서 나온 가느다란 빛줄기들이 거의 인공적으로 순수한 은색을 칠한 듯 뻗어나가고 있었다.

나는 부탄의 히말라야를 나흘째 걷고 있었고, 얼어붙을 듯한 안개와 비와 진눈깨비를 뚫고 가파른 바위투성이 길을 두 시간 동안 오른 참이었다. 내 허파가 희박한 공기에서 빈약한 산소를 추출할 수 있도록 신경 쓰면서 기계적으로 발을 옮겼다. 안개가 짙게 깔려 있어 바로 앞의 젖은 길, 오른쪽으로 솟아 있는 산, 왼쪽으로 깎아지른 절벽만 흐릿하게 보일 뿐이었다. 헉헉거리는 소리와 등산화에 밟혀 셰일이 부서지는 소리 외에는 아무 소리도 들리지 않았다. 오로지 꼭대기에 오르겠다는 생각에만 빠져 그 모든 것을 잊기도 했다.

그러나 산꼭대기에서 마주칠 것을 생각할 때면 불안감이 좀 들기도 했다. 며칠 동안 몇 번이나 높은 산 위로 안개가 굽이치면서 흘러가는 모습이 보였다. 비, 진눈깨비, 사람을 낮은 자세로 웅크리게 만들 수 있는 강력한 제트 기류가 일으키는 안개였다. 마치 거대한 낫이 휘두르는 바람에 잘려 나가는 것처럼, 꼭대기에서부터 눈보라가 쏟아져 내리기도 했다. 앞도 잘 보이지 않는 곳에서 밤이 오기 전에 조금이라도 더 가기 위해 걸음을 재촉하면서, 이런 조건이라면 상황이 금세 나빠질 수 있다는 생각이 머릿속을 떠나지 않았다.

그런데 아니었다. 길이 서서히 완만해지다가 이윽고 평탄해졌다가 몇 시간 만에 처음 아래쪽으로 향할 때, 마치 지우개로 싹 지운 양 진눈깨비가 멈추고 안개가 걷히면서 드넓은 풍경이 눈앞에 펼쳐졌다. 그리고 그 한가운데 낡고 바랜 기도하는 깃발들이 줄에 매달려 나풀거리고 있었다. 함께 간 부탄인 동료 렌둡 타르첸, 소남 도리에와 함께 나는 무척 흥분했다. 두 사람은 전문 산악인이자 열정 넘치는 사진작가이고 경험 많은 자연사 학자였다. 그들은 이렇게 안 좋은 날씨였다가 갑자기 맑아지는 일이 아주 드물다고 설명했다. 더할 나위 없이 완벽한 순간이었다.

데이비드가 이곳 부탄에 온 이유는 단순했다. 앞 장에서 살펴보았듯이, 동물이 무엇을 먹는지 파악하고자 할 때 먹이 환경은 전체 이야기의 절반에 불과하다는 점이 명확했다. 특정한 먹이 환경에 대처하는 영양소 식욕과 기타 메커니즘들이 어떻게 진화했는지도 알아야 했다. 우리 종이 직면한 영양 위기가 이런 결과일 수도 있지 않을까? 우리의 먹이 환경이 우리가 적응할 수 있는 것보다 더 빨리 변하고 있어서? 실제로 그렇다면, 우리가 다른 종들에게서 배운 교훈들이 우리가 건강을 해치는 방식으로 먹는 이유를 설명하는 데 도움이 될지도 모른다.

이 생각을 검증하려면, 먼저 사람의 먹이 환경이 어떻게 변해 왔는지 파악해야 했다.

나는 가만히 서서 지켜보았다. 앞쪽으로 1백 미터쯤 아래에서 산마루 너머로 굽이치는 고원이 펼쳐져 있었고, 가을 추위에 시들어 가는 식물들이 빨갛게 물들어 있었다. 그 한가운데 청록색을 띤 심장 모양의 호수가 있었다. 머지않아 얼어붙을 터였다. 그 뒤쪽으로 우리가 기어오른 좁은 골짜기 너머로 돌무더기가 뒤덮인 거대한 산비탈이 보였다. 돌 밑의 틈새에 긴 물기에 햇빛이 비쳐 군데군데 은빛으로 반짝거렸다. 그리고 저 멀리 눈으로 덮인 봉우리들이 맑은 하늘을 배경으로 마치 신화 속 괴물의 이빨처럼 솟아올라 있었다.

내 평생 처음 보는 풍경이었다. 그러나 한 가지 측면에서 보면, 애리조나 사막, 우간다 우림, 보르네오 습지림 등 내가 조사한 다른 많은 야생 지역과 아무런 차이가 없었다. 다른 모든 곳과 마찬가지로, 그곳도 먹이 환경이다. 우리는 그곳에 사는 한 특이한 영장류가 처한 난제들을 알아보고자 왔다. 바로 우리 종 말이다.

　이유를 이해하려면, 수백만 년 전 인류가 진화하기 이전, 모든 영장류가 원숭이, 고릴라, 오랑우탄 등 오늘날 영장류 학자들이 연구하는 인간 이외 종들을 닮았던 시기로 돌아갈 필요가 있다.

　이 종들의 식단에서 주목할 수밖에 없는 한 가지는 서로 매우 비슷하다는 것이다. 거미원숭이, 고릴라, 오랑우탄은 영양소 섭취량을 조절하는 방식이 서로 다를지라도 ― 원숭이와 오랑우탄은 단백질을 우선시하는 반면 고릴라는 그렇지 않다 ― 기본 식단은 동일하다. 주로 탄수화물과 지방이 많은 열매와 단백질이 많은 잎으로 이루어진다. 그저 한 해 중 시기에 따라 다른 비율로 먹거나 여러 해에 걸쳐 먹는 양상이 달라질 뿐이다.

　이는 이런 영장류의 식단이 수백만 년 동안 본질적으로 비슷하게 유지되어 왔음을 시사한다. 거미원숭이, 고릴라, 오랑우탄의 마지막 공통 조상은 약 4천만 년 전에 살았는데, 지금의 세 종류가 먹는 것과 거의 동일한 식단을 먹었을 것이다. 우리가 연구하는 종들로 이어지는 더 최근의 조상들도 대부분 그러했다.

　이것이 영장류가 경직되어 있어 식단을 바꿀 수 없다는 말인가? 그렇지 않다. 달라질 수 있음을 입증하는 많은 예외 사례가 있다. 열대에서 아시아의 온대림처럼 열매가 희귀한 환경으로 이주한 영장류는 식단을 바꾸는 데 성공했다. 열대의 사촌들처럼 그들도 여전히 잎을 먹지만, 물컹한 열매 대신 도토리처럼 탄수화물이 풍부한 견과로 먹이를 바꾸었다. 또 많은 영장류는 단백질이 풍부한 동물 먹이, 특히 곤충도 먹는다. 대체로 동물 먹이가 식단에 기여하는 비율은 아주 낮으며, 미미한 수준일 때도 있다. 좋아하지 않아서가 아니라, 영장류의 단백질 수요를 충족시킬 만큼 많은 곤충을 구하기가 훨씬 더 어렵기 때문이다. 그러나 예외 사례가 있다. 작은 영장류는 단백질 요구량이 더 적으므로 얼마 안 되는 수요를 충족시킬 만큼 곤충을 충분히 구할 수 있으며, 일부는 바로 그렇게 한다.

또 영장류가 열대에서 온대림으로 옮겨 가거나 몸집이 변하는 식으로 오랜 진화 기간을 거쳐서가 아니라, 아주 빠르게 식단을 바꾼 사례들도 있다. 케냐 마사이마라 국립 보호 구역의 개코원숭이가 한 예다. 이들은 정상적인 식단에서 관광 휴양지의 음식물 쓰레기를 먹는 쪽으로 식성을 바꾸었다. 카리브해 세인트키츠섬의 녹색버빗원숭이도 그런 예다. 이 원숭이는 그 섬의 고유종이 아니라, 1600년대 노예 교역선을 통해 도입되었다. 들어온 원숭이 중 일부는 야생으로 탈출했고, 그들은 그 열대 낙원에 즙이 많은 망고가 풍부하다는 사실을 곧 알아차렸다. 머지않아 그들은 더 큰 행운처럼 보이는 것을 접했다. 그들은 그 섬에 자라는 대나무처럼 생긴 작물이 순수한 당분으로 꽉 차 있다는 사실을 알아차렸다. 그러자 그들의 유연한 식성은 한 단계 더 나아갔다. 정확히 일이 어떻게 진행되었는지는 아무도 모르지만, 어떤 식으로든 간에 그들은 세인트키츠 사탕

수수로 만든 제품을 좋아하게 되었다. 바로 럼주다.

분명히 영장류의 식단은 유연하며 새로운 기회에 빨리 적응할 수 있다. 그렇다면 왜 많은 종의 식단은 수백만 년 동안 그렇게 한결같이 유지되어 왔을까? 이유는 동물이 새로운 기회를 접할 일이 거의 없었기 때문이다. 오랜 세월 환경이 본질적으로 동일하게 유지되었거나 오랜 기간에 걸쳐 아주 서서히 변화했기 때문이다.

해마다 비슷한 환경에서 살아간다는 것이 우리에게는 지루하고, 심지어 지겹게 들릴 수도 있다. 대체 발전이라는 것이 이루어질까? 그러나 그런 삶에는 중요한 혜택이 하나 있다. 생물학적으로 영장류가 자신의 먹이 환경에 탁월하게 적응할 수 있다는 것이다. 오랑우탄이 열매 없이도 장기간 생존할 수 있는 쪽으로 적응해 온 것과 비슷하다. 단점은 변화가 일어날 때, 기존 환경에 생물학적으로 아주 잘 적응된 상태라면 변화에 대처할 방법을 모를 수 있다는 것이다. 인근에 휴양지가 문을 열자, 마사이마라 개코원숭이는 사람의 음식을 먹고 살이 쪘고 당뇨와 높은 콜레스테롤 농도를 비롯한 몇 가지 건강 문제를 지니게 되었다. 세인트키츠 녹색버빗원숭이는 현재 알코올에 중독되어 있다. 관광객이 잠시 한눈을 팔면 술을 훔쳐 간다.

그리고 그 의문을 따라가다 보니 우리는 자신의 종으로 돌아오게 되었다. 약 3백만 년 전, 이전까지 출현했던 다른 모든 영장류와 전혀 다른 종이 진화했다. 최초의 인류 종, 학술적으로 말하면 사람속Homo에 속한 종이었다. 상세한 사항은 거의 알려져 있지 않지만, 기후 변화와 그것이 아프리카 환경에 미친 영향이 그 종의 진화에 지대한 역할을 했다는 것은 분명해 보인다. 기후가 전보다 더 춥고 건조하고 더 다양해졌다. 이런 변화는 우리 먼 조상의 서식지에 직접적으로 영향을 미쳤을 뿐 아니라, 그들이 먹는 먹이를 포함해 다른 종들에게 미치는 영향을 통해 간접적으로도 영향을 미쳤다. 기후는 먹이 환경에 변화를 일으켰고, 그 반응으로 진화가 일어났다.

처음에 빠른 진화적 변화는 피해를 입혔다. 인류는 한 종만 진화한 것이 아니었다. 정확히 몇 종이 진화했는지는 모른다. 아무튼 알려진 것은 그 종들이 거의 다 —사실상 한 종만 빼고— 사라졌다는 것이다. 변화 속도가 적응할 능력을 넘어섰다.

살아남은 계통은 멸종 추세를 벗어났고, 아주 교묘한 비법을 터득해 변화하는 환경에 대처했다. 그들은 급속히 변화하는 환경에 대처하는 최선의 방법이 더욱 빨리 변하는 것임을 알았다. 말하자면 밀려오는 불길에 맞서 맞불을 놓는 법을 터득했다.

더 나아가, 비유가 아니라 글자 그대로 그렇게 했을 수도 있다. 우리 조상들이 이전의 종들과 정확히 무엇이 달랐는지는 말하기 어려우며, 아마 한 가지가 아니었을 것이다. 서로 관련된 변화들의 조합이었을 것이다. 그러나 인류학자들은 두 가지 요인이 주도적 역할을 했다는 데 동의한다. 불 제어와 석기 제작이다.

석기는 인간만이 쓰는 것이 아니다. 다른 영장류 종들도 쓴다. 브라질의 검은줄무늬카푸친은 돌을 사용해 견과의 단단한 껍데기를 깬다. 그들은 견과를 모루 역할을 하는 돌 위에 놓고 세심하게 고른 망치 모양의 돌로 아주 정교한 방식으로 두드려서 깬다. 그러나 불을 이용하는 종은 인간뿐이다.

무엇보다 석기와 불은 먹이 환경을 제어하는 용도로 쓰인 기술이었다. 나는 상파울루 대학교의 파트리시아 이자르와 공동으로 검은줄무늬카푸친이 왜 그렇게 온갖 수고를 해가면서 견과를 깨 먹는지 조사하고 있다. 우리가 지금까지 찾아낸 답은 노력할 가치가 있다는 것이다. 견과에는 균형 잡힌 영양소들이 풍부하게 들어 있기 때문이다. 인류의 조상도 주로 영양을 위해 도구를 썼다. 즉 먹이를 사냥하고 준비하는 데 도구를 사용했다.

하버드 대학교의 리처드 랭엄은 요리가 초기 인류의 식단을 개선하는 데 중요한 역할을 했음을 보여 주는 연구 결과를 몇건 내놓았다. 랭엄은 이른바 〈요리 가설〉에서 불의 제어가 인류 조상에게 일어난 주요 변화라고 주장한다. 불은 우리 식단을 영구히 바꾸었다. 그 뒤 우리가 생물학적으로 적응할 새로운 먹이 환경을 제공했다.

정확한 원인이 무엇이었든 간에, 한 가지는 확실하다. 불과 도구의 조합에 힘입어 인류는 생명의 역사상 그 어떤 종도 한 적 없는 수준으로 자신의 먹이 체계를 바꿀 수 있었다. 처음에 이 변화는 긍정적이었다. 우리 조상들은 창의력을 발휘해 식단과 영양 관점에서 최초의 에덴동산이라 할 환경을 조성했다.

아니, 아마도 하나의 환경이 아니라 여러 가지 환경이라고 봐야 할 듯하다. 구석기 시대인 이 시기에 인류는 섬유질이 풍부한 야채, 덩이뿌리, 열매, 포화 지방이 적고 건강한 다가불포화 지방 함량이 높은 야생 동물의 살코기로 이루어진 다양하면서 건강한 음식을 먹었다. 일부 수렵·채집인 집단은 단백질 함량이 높은 음식을 먹었다고 여겨지며, 대체로 연구자들은 그들이 섭취하는 열량 중 지방과 탄수화물의 비율이 70퍼센트 이하라고 추정하므로, 단백질이 약 30퍼센트를 차지한다는 의미다. 그에 비해 전형적인 현대 식단에서는 지방과 탄수화물 함량이 85퍼센트 이상을 차지하므로, 단백질 함량이 구석기인들의 절반에 불과하다. 새로운 연구들은 다른 수렵·채집인 집단들이 단백질 함량이 더 낮고 탄수화물 함량이 더 높은 식사를 했음을 시사한다. 단백질과 탄수화물 함량이 이렇게 다양했지만, 이 농경 이전 시대 조상들의 식단에는 한 가지 공통점이 있었다. 미량 영양소와 섬유질이 풍부한 건강한 음식들로 이루어져 있었다는 것이다.

이 시기의 뼈대 화석들은 사람들이 키가 크고 마르고 근육질이고 건강하고 영양 결핍 사례가 드물었음을 보여 준다. 그렇긴 해도 우리는 이 시기를 낭만화하거나 당시 식단을 재연하려는 시도를 하지 않도록 조심하자. 당시 인류의 평균 수명은 짧았다. 주로 사산, 부상, 감염병으로 죽곤 했기 때문이다. 또 무거운 것으로 머리를 때리고 목을 베는 등 치명적인 폭력 증거도 있다. 도구 이용의 안 좋은 측면이다. 그런 세계에서는 늙어서 죽는 특권을 누리는 이들이 거의 없었으며, 따라서 고단백 식단의 수명 감소 효과도 지금보다 그다지 눈에 띄지 않았을 것이다. 그리고 뒤에서 논의하겠지만, 우리는 당시와 똑같은 동물이 아니다. 우리의 영양 욕구는 어느 정도 달라졌다.

이유는 아무도 확실히 모르지만, 약 1만 2천 년 전 오늘날 우리가 이란과 이라크라고 부르는 곳의 국경 지역에서 인류의 먹이 환경이 다시금 변화하기 시작했다. 당시 사람들은 처음에는 중요한 일이 일어나고 있다는 사실을 알아차리지도 못했을지 모른다. 어느 특정한 날에 야영지 주변의 식생은 전달, 심지어 전년이나 이전 세대의 식생과 전혀 달라지지 않았거나 아주 조금 달라졌을 수도 있다. 먹이로 뜯어 온 식물의 씨앗이 우연히 떨어져 야영지 주변에서 더 많이 자라기 시작하고, 그다지 인기 없는 식물은 점점 밀려났을 것이다. 전에 더 멀리까지 가서 뜯어 오던 식물은 덜 먹게 되었을 것이다. 이 변화는 점점 쌓였고, 몇 세대가 지나기 전에 인류의 먹이 환경을 다시금 변화시킬 무언가가 일어났다. 극적으로, 영구히 변화시켰다.

인류는 먹을 수 있는 식물의 씨앗을 골라서 심고 다른 식물들을 솎아 내기 시작했다. 채집하는 식량에 덜 의지하고 기르는 작물에 더 기대게 되었다. 더 뒤에는 동물을 대상으로도 같은 일을 했다. 사람들은 사냥을 하는 대신에 야생 동물을 길들여서 기르기 시작했고, 그런 동물들은 이 새로운 생활 방식에 적응했다. 동식물은 길들고, 인류는 사냥하고 채집하는 생활 방식에서 농경을 토대로 한 생활 방식으로 옮겨 가고 있었다.

이 변화는 빠르게 퍼졌다. 처음에는 지금의 시리아, 요르단, 이스라엘, 팔레스타인, 터키 남동부에 속한 중동 지역 전체로 퍼졌고, 이어서 유럽으로 퍼졌다. 그 뒤 수백 년 사이 아프리카, 아시아, 파푸아뉴기니, 오스트레일리아, 아메리카 등 세계 각지에서 독자적으로 비슷한 사건들이 일어났다. 농경은 전 세계 인류 집단들에서 각자 독자적으로 몇 차례 발명되었다.

농경은 분명히 인기를 얻어 선택된 생활 방식이었다. 하지만 그 이유가 곧바로 와닿는 것은 아니다. 우리가 아는 것은 주로 출생률이 높아짐에 따라 인구가 증가했고, 수렵·채집인으로 살 때보다 더 정착 생활을 하게 되었다는 것이다. 그런데 놀랍게도 대다수 일상생활은 개선되지 않았고, 여러 면에서 전보다 더 나빠졌다.

비록 세부적으로 보면 제각기 달랐지만, 일반적으로 초기 농경 사회들은 몇 가지 주식에 심하게 의지하게 되었다. 주식은 주로 탄수화물 함량이 높고 미량 영양소 함량이 낮은 곡류였다. 식단은 다양성이 줄어들었다. 탄수화물이 풍부한 곡물로부터 열량을 더 많이 섭취하고 야생 식량에 덜 의지하게 되었다. 사람들은 키가 더 작아졌고, 이 시기에 살았던 이들의 많은 유골에는 영양 결핍 및 충치 등 식량과 관련된 문제들이 있었던 흔적이 보인다. 또 퇴행성 관절 질환에 걸렸음을 보여 주는 유골도 많다. 이는 초기 농부들이 신체적으로 힘든 생활을 했음을 시사한다.

그와 동시에 인구 밀도가 높아지고 가축 및 쥐와 같은 유해 동물과 함께 지내면서 결핵, 매독, 페스트 같은 감염병이 유행할 가능성도 높아졌다. 게다가 소수의 작물 및 가축에 의지하면서, 농경 먹이 환경에서 살아가는 사람들은 기근에 취약해졌다. 언제든 기아에 시달릴 위험에 처했다.

그러나 시간이 흐르면서 농사를 짓는 이들의 삶은 나아졌다. 사회 구조 발달, 기술 발달, 작물의 종 증가, 가축 생산량 증가로 농민의 기아 취약성은 줄어들었고 식단도 더 건강해졌다. 새 먹이 환경은 성숙한 단계에 이르렀고, 사람들 및 그들과 함께 자라는 동식물들은 그 환경에 적응했다.

적응은 두 가지 수단을 통해 이루어졌다. 첫째, 문화 지식의 혁신은 식습관과 식품 가공 기술을 농경 먹이 환경에 맞추는 데 기여했다. 그런 사례들은 많으며, 낙농업의 기원도 그렇다. 젖에는 젖당이라는 조금 독특한 당이 들어 있다. 동물계에서 젖당은 젖에서만 발견된다. 젖당은 창자에서 직접 흡수되지 않으며, 포유동물 새끼는 먼저 젖당 분해 효소를 이용해 더 작은 당으로 분해한 뒤에야 흡수할 수 있다. 그런데 대개 포유류는 이 효소를 유아기에만 만든다. 즉 그 단계를 넘어서면 더 이상 젖을 마실 수 없다는 뜻이다. 그래도 마신다면 설사와 극도의 복부 팽만감 같은 불쾌한 증상들이 나타날 수 있다.

초기 낙농업자들은 다양한 방법을 사용해 이 문제를 극복하는 법을 터득했다. 한 가지는 세균을 이용해 젖당을 젖산으로 발효시키는 것이다. 젖산은 창자에서 흡수하므로 영양 섭취에 쓸 수 있다. 혜택은 명확하다. 젖 발효 덕분에, 사람들은 젖을 생산하는 동물을 죽이지 않고서도 동물성 영양소를 풍부하게 얻을 수 있었다. 오늘날 우리가 먹는 유제품 상당수는 이런 식으로 세균이 〈미리 소화한〉 것이다. 요구르트, 일부 치즈가 여기에 해당하며, 사워크림도 어느 정도는 그렇다.

초기 농민들이 이 풍부한 식량원을 이용하는 방법이 세균 발효를 비롯한 문화적 수단들만 있었던 것은 아니다. 일부 집단에서는 다윈 자연 선택을 통해 유아기가 지난 뒤에도 젖당 분해 효소를 만드는 능력이 진화했다. 따라서 젖을 직접 소화할 수 있게 되었다. 이 일은 농경의 역사에서 적어도 두 차례 독자적으로 일어났다. 오늘날 헝가리 지역에서 한 번, 아프리카 지역에서 한 번이다. 이 두 진화 사건은 동일한 결과를 낳았지만 ─ 그래서 다른 포유동물들과 달리 사람은 평생 젖을 소화할 수 있다 ─ 양쪽 집단에서 일어난 돌연변이는 서로 달랐다.

그리고 인간 및 다른 종들이 농경 먹이 환경에 적응하도록 도운 유전적 변화는 이것만이 아니다. 또 한 사례는 5장에서 이미 살펴본 바 있다. 녹말을 소화하는 효소를 만드는 유전자가 중복되어 존재하게 된 것 말이다. 그 덕분에 사람이 기르는 개는 사람이 남긴 녹말이 많은 음식물을 먹으며 살아가는 쪽으로 더 잘 적응하게 되었다. 사람이 남긴 음식물을 먹는 설치류(쥐와 생쥐)와 돼지, 기타 종들도 녹말을 소화하는 유전자를 중복해서 지니는 방향으로 진화했다.

이런 많은 문화적 및 유전적 적응 형질 덕분에 인류는 더 이

전 구석기 시대 수렵·채집인 환경에서 잘 살아갔듯이, 새로 발전한 농경 먹이 환경에서도 잘 살아갈 수 있게 되었다. 우리는 다시금 에덴동산에서 살게 되었다. 이번에는 우리 자신이 만든 곳이었다.

그런 뒤 상황은 다시 변하기 시작했다. 그리고 그 변화는 내가 렌둡, 소남과 함께 히말라야의 고개를 헐떡거리면서 걸어 올라간 이유와 관련 있다.

우리는 링지족, 다른 말로 라궁숨 기미, 즉 〈고지대 사람들〉이라는 뜻의 부족을 조사하러 갔다. 링지족은 반유목 목축인이라는 집단에 속한다. 수렵·채집인부터 농경민에 이르기까지 인류 먹이 환경의 모든 역사적 단계를 볼 수 있는 생활 양식을 지니고 있다.

약 3만 년 전 수렵·채집인들이 중앙아시아의 드넓은 고지대로 이동하기 시작했다. 바로 티베트 고원이다. 면적 4만 제곱킬로미터에 평균 고도 4천5백 미터에 달하는 이곳은 세계에서 가장 넓고 가장 높이 자리한 고원이다. 그래서 〈세계의 지붕〉이라 불리곤 한다. 고대 이주민들은 새로 자리 잡은 서식지에서 야생 물소처럼 보이는 동물들이 대규모 떼를 지어 다니는 광경을 보았다. 무시무시한 뿔, 땅에 닿을 만큼 축 늘어져 있는 빽빽한 털, 복슬복슬한 커다란 꼬리를 지닌 동물이었다. 수컷은 몸길이가 약 4.3미터에 어깨 높이가 2.1미터이며, 몸무게는 9백 킬로그램을 넘는다. 지금이라면, 사려 깊은 사람의 눈에는 아주 잘 보살펴야 할 동물로 보일 것이다. 그러나 당시 이주민들은 유례없는 기회가 왔다고 여겼다. 그 지역의 암벽화에는 사냥꾼들이 막 짓밟히거나 찔릴 것처럼 그 동물에게 아주 가까이 다가가 있는 극적인 장면들이 담겨 있다. 이 동물은 야생 야크로, 지금도 티베트 고원에서 일부가 살고 있다.

시간이 흐르면서 야크 중 일부 개체 또는 집단은 야생 동물다운 행동이 어느 정도 줄어들었고, 같은 종의 야생 무리들보다 사람 무리와 더 가까이에서 지내기 시작했다. 새끼 때 포획되어 인간의 환경에서 키워졌을 수도 있고, 본래 덜 야생적인 개체였을 수도 있고, 둘 다였을 수도 있다. 이유가 어떻든 간에, 야크가 길들여진 삶에 적합한 새로운 특징들을 갖추게 된 이 새로운 환경에서 진화는 새로운 경로를 취했다. 야크는 서서히 변해 갔고, 야크와 점점 깊이 관련을 맺어 가던 수렵·채집인들의 문화도 그러했다.

약 5천 년 전 창족은 이 변화하는 야크와 떼려야 뗄 수 없는 관계를 맺은 상태였다. 이 동물은 고기, 젖, 털가죽, 가죽, 연료로 쓸 똥, 텃밭의 비료, 교통수단, 기타 노동력을 제공했다. 그 대가로 사람들은 포식자의 공격을 막아 주었고, 가장 좋은 풀이 나는 곳으로 데려갔으며, 수컷들은 야생에서와 달리 암컷을 차지하기 위해 서로 격렬하게 경쟁을 벌일 필요 없이 짝짓기할 기회를 제공받았다. 야크가 완전히 길들었을 때, 창족은 수렵·채집인에서 목축인으로 옮겨 가 있었고, 삶을 야크에게 의지했다. 야크가 길드는 동안 일어난 진화적 변화 중에는 몸집

축소와 더 유순한 기질의 발달도 있었다. 최근 한 연구에서는 길든 야크가 야생 조상과 유전자가 209개까지 다르며, 그중에는 유순한 행동과 관련된 것들도 있다고 나왔다.

그 뒤로 수백 년이 흐르는 동안, 야크 떼를 모는 생활 방식은 히말라야산맥 지역을 포함해 아시아의 고지대 지역 전체로 퍼졌다. 그 지역에서는 풀을 뜯을 수 있는 기회가 계절에 따라 크게 달라지므로, 사람들은 봄이 되면 새 식생이 무성하게 자라는 고지대로 야크를 몰고 간다. 사람들은 가죽으로 만든 텐트에서 지내며, 눈표범으로부터 야크를 보호할 개도 함께 지내곤 한다. 가을에 풀들이 시들고 땅이 얼어붙기 시작하며 날씨가 사람이 버틸 수 없을 만큼 혹독해질 때면, 그들은 저지대에 있는 집으로 돌아온다. 고산 지대에 사는 사람들에게는 야크가 너무나 중요하기에, 야크는 〈티베트인의 황금〉이나 〈산악 기계〉라는 별명을 지닌다.

우리는 부탄의 히말라야에 사는 부족민들의 연례 이주 양쪽 단계를 목격하기에 딱 좋은 시기에 그곳을 찾았다. 위로 올라갈 때 우리는 아직 기온이 심하게 떨어지지 않은 좀 낮은 지대에 설치된 여름 텐트를 몇 개 지나쳤다. 그날 늦게 축축하게 젖고 안개 자욱한 고개에 올라섰을 때 한 목축인 가족이 우리를 환대하면서 텐트로 초대했다. 링지족 3대가 함께 머물고 있었다. 그들은 말리기 위해 줄줄이 늘어뜨린 끈들에 진주처럼 달려 있는 신선한 야크 치즈 덩어리를 떼어 우리에게 먹어 보라고 건넸다. (말이 난 김에 덧붙이자면, 링지족은 평생 젖을 소화시킬 능력을 갖추는 쪽으로 진화하지 않은 선조의 후손이기에, 젖을 발효시켜 먹어야 한다. 즉 치즈로 만들어 먹는다.)

그날 늦게 고개 위에 서서 시들어 가는 식생 위로 뻗어 가는 은색 빛줄기 너머 곧 얼어붙을 청록색 호수를 바라보니, 다른 가족이 막 떠난 여름 목초지가 눈에 들어왔다. 우리는 그들을 따라 그들의 겨울 집으로 가기로 했다. 나는 해발 5천2백 미터까지 올라갔을 뿐 아니라, 수천 년을 거슬러 올라간 듯한 기분도 느꼈다.

높은 고개를 지나 한 시간쯤 내려오자 야생 세계가 어떤 모습인지 실감 나는 광경이 펼쳐졌다. 어떤 살인 현장에서 법의학적 증거물들을 죽 펼쳐 놓은 양, 바닥 여기저기에 야크 뼈가 널려 있었다. 아직 힘줄이 붙어 있는 것도 있었다. 우리는 길을 벗어나 소남이 몇 달 전 산맥 여기저기 설치한 카메라 트랩 — 움직임을 감지해 자동으로 사진을 찍는 촬영 장비로, 야생 생물 연구에 널리 쓰이며 방수 처리가 되어 있다 — 을 수거하러 가는 중이었다. 찍힌 사진을 살펴보자, 살해자가 누구인지 금방 드러났다. 눈표범이었다. 야간 카메라에 무지갯빛으로 푸르스름하게 빛나는 모습이 찍혀 있었다. 좀처럼 모습을 드러내지 않는 이 수수께끼 같은 동물이 〈산의 유령〉이라고 불리는 이유를 실감했다.

여러 시간이 지난 뒤, 우리는 그날 목적지에 도착했다. 야크 떼를 밀치면서 나아가니 개천 옆에 돌로 지은 집이 나타났다. 산에서 캔 돌로 지었는데, 벽뿐 아니라 지붕에까지 돌이 얹혀 있었고, 지붕의 돌 밑으로 파형 강판이 언뜻언뜻 햇빛을 받아 은빛으로 반짝였다. 자세히 보지 않으면 거의 눈에 띄지 않았다. 앞문 양쪽으로는 벽 위에 설치한 시렁에서 늘어뜨려 말리고 있는 야크 고기들이 죽 널려 있었다. 실내 바닥에는 거칠게 깎은 널빤지가 깔려 있었는데, 천장과 잘 어울렸다. 튼튼한 지붕널을 받치는 굵은 들보에는 야크 치즈가 끼워진 끈들이 줄줄이 늘어져 있었고, 방 한가운데에는 야크 똥을 태우는 작은 난로가 있었다. 옆에는 또 다른 석조 건물인 착유실이 있었고, 그 너머에 변소인 작은 석조 건물이 보였다.

그날 밤 우리는 불가에 둘러앉아 지쳤지만 따뜻하고 기분 좋은 분위기에서 차를 마신 뒤 야크, 보리, 매운 양념을 친 채소로 저녁을 먹으면서 다양한 주제로 이런저런 이야기를 나누었다. 나는 영어를 아주 잘하는 아름다운 젊은 여성인 딸이 무역 분야 자격증을 갖고 있다는 사실을 알았다. 그녀와 남편은 최근에 도시를 떠나 전통적인 생활 방식으로 살아가기 위해 돌아왔다고 했다. 이유를 묻자, 그녀는 단순하면서 조용한 삶이 더 낫고, 산속에서 가족과 함께 살아가는 것이 좋아서라고 설명했다.

또 그들은 최근에 집을 대대적으로 수리했다는 것도 알려 주었다. 지난여름에 벌어진 사건 때문이었다. 식구들이 고지대의 여름 목초지에서 텐트 생활을 하는 동안, 곰 한 마리가 지붕을 뜯어내고 들어와서 집안을 쑥대밭으로 만들었던 것이다. 그래서 같은 일을 다시 겪지 않도록 철판으로 지붕을 덮고 그 위에 돌까지 쌓았으며, 천장에는 바닥에 깐 것과 같은 널빤지를 덧댔다.

가장 중요한 점은, 야크 치즈가 실에 꿴 진주와 시각적으로만 닮은 것이 아니라는 사실을 내가 깨달았다는 것이다. 야크 치즈는 산악 부족에게 귀중한 식량이다. 생계가 달려 있는 산물이다. 서까래에서 끈으로 드리워진 그 치즈는 어느 정도는 다가올 겨울에 식량으로 사용되고, 대부분은 말에 실려 며칠 동안 산을 타고 넘어 차량이 다닐 수 있는 가장 가까운 곳으로 보내졌다. 그곳에서 차에 실려 크고 작은 도시로 운반되어 시장으로 향한다. 즉 돈과 바꾼다.

이틀 뒤 우리는 치즈를 실은 말이 현대 세계와 만나는 곳에 도착했다. 지난 8일 동안 지나온 세계와 그곳에서 본 세계는 놀랍도록 대조를 이루었다. 파형 강판으로 지은 작고 낡은 저장 창고의 위쪽 문틀에는 길이가 50센티미터에 이르는 나무로 깎은 남근 조각이 달려 있었다. 그 옆에서는 말들이 담요를 덮고 안장이 실린 채로 쉬며 다시 산으로 돌아갈 준비를 하고 있었다. 그 가까이 진흙으로 덮인 새로 생긴 비포장도로 옆으로 야크 치즈 포대들이 잘 쌓여 있고, 통나무를 끄는 데 쓰이는 커다란 노란 기계 차도 한 대 있었다. 도로 양쪽 비탈에는 새로 생긴 건설 작업의 흔적들이 남아 있었다. 누군가가 내게 남근 조각이 속물적인 장난이 아니라, 악을 물리친다는 중요한 문화적 상징이라고 알려 주었다.

말을 이용해 산으로 운반할 물품들을 담은 상자를 실은 사륜

구동 차량이 도착했다. 차에서 짐을 내리고 야크 치즈 포대를 싣는 일이 부산하게 이루어졌다. 우리는 그 차를 타고 골짜기 아래쪽 팀푸 마을로 돌아갈 예정이었다.

나는 막 도착한 물품들을 나누어 말들에 싣는 모습을 조용히 지켜보았다. 곡물, 채소, 기름병, 설탕과 소금과 차를 담은 자루가 보였다. 모두 산악 부족의 환대를 받을 때 내가 맛본 것들이었다. 그런데 달콤하고 기름진 식품을 담은 화려한 색깔의 포장지들도 많이 보였다. 비스킷, 라면, 감자칩 같은 것들이다. 포장지에는 환하게 웃으면서 맛있게 먹고 있는 사람들의 모습이 찍혀 있었고, 친숙한 만화 주인공이 그려진 청량음료 캔도 보였다.

차를 타고 미끄러운 진창길을 따라 지구에서 가장 고지대에 사는 호랑이들의 서식지를 지나는 동안, 방금 본 물건들의 모습이 머릿속에서 떠나지 않았다. 산으로 운반되는 당분과 지방이 가득한 그 가공식품과 음료는 문제를 일으키고 있었다. 지난 8일 동안 접했던 힘겨운 삶에 익숙한 이들에게 이런 식품들은 다양성과 즐거움을 안겨 주며, 가장 필요할 때 빠르게 에너지를 제공한다. 산악 부족들은 활동적이고 추위를 견뎌야 하므로 그런 에너지가 필요한 상황이 많다. 게다가 그런 간식은 값싸고, 오래 보관할 수 있으며, 물과 섬유질이 풍부한 과일이나 채소와 달리 가볍고 운반하기도 편리하다. 그렇지만 내가 잘 알다시피, 그런 식품들은 전 세계에서 식품 체계, 문화 관습, 인간의 건강에 심각한 문제를 일으키고 있다.

나는 미신을 믿지 않지만, 그 50센티미터에 달하는 남근 조각이 자신의 역할을 잘해 산악 부족들을 5천 년 동안 이어 온 건강한 목축 생활 양식을 빠르게 파괴할 것들로부터 보호해 주었으면 하는 생각을 잠시나마 품었다.

두 달 뒤 나는 태평양의 한 작은 섬에서 최악의 두려움이 실현되는 광경을 지켜보고 있었다. 친구이자 동료인 뉴칼레도니아 대학교의 올리비에 갈리, 시드니 대학교의 코린 카요와 함께 뉴칼레도니아 본토 동해안에 있는 로열티 제도의 리푸섬으로 향했다. 우리는 한 부족민의 집에 머물렀다. 종고 가족을 통해 나는 전통 가정의 생활 풍습과 식품 체계를 직접 접했다. 그러나 우리가 그곳에 간 주된 이유는 생활 양식을 해체하고, 식품 체계를 파괴하며, 천연의 섬 환경을 위협하기 시작한 것을 조사하기 위해서였다.

우리는 렌터카에서 나와 열대의 낙원에 있는 종고 가족의 집으로 향했다. 흥분해서 몸을 꼬아 대는 활달한 개의 환영을 받으면서, 나는 열대 과일나무를 지나 무성하게 자란 잔디밭 너머에 있는 단출하면서 아늑해 보이는 집을 바라보았다. 청록색으로 칠한 파형 강판으로 덮인 집이었다. 베란다에는 건강하고 행복한 분위기를 풍기는 60대 멋진 부부가 서 있었다. 피에르와 나오미 종고 부부였다.

우리는 그들의 안내로 우리가 묵을 집을 둘러보았다. 이엉을 얹은 전통적인 원형 가옥이었다. 낮은 문간을 통해 안으로 들어가니, 거대한 나무 기둥이 중심에 서 있는 방이 나왔다. 통나무를 패서 만든 서까래들이 기둥에서 방사상으로 뻗어 있었다. 서까래 가장자리는 굵은 나무들로 된 도리들이 받치고, 그 위로 이엉지붕이 얹혀 튼튼한 우산 같은 구조를 이루고 있었다. 지붕 아래로는 낮은 벽이 원형으로 서 있고, 벽은 지붕과 똑같이 위에서부터 바닥까지 산뜻하게 잘라서 엮은 이엉으로 덮여 있었다.

내부는 중앙 기둥 옆 화덕에서 나온 검댕이 여러 해 동안 쌓여 거무스름했고, 스코틀랜드 싱글 몰트 위스키의 냄새와 그리 다르지 않은 오래 묵은 불, 흙, 나무의 냄새가 풍겼다. 바닥에는 다양한 색깔의 실로 엮은 깔개가 있어 검댕으로 시꺼먼 벽및 지붕과 멋진 대비를 이루었다. 그 위에 우리가 누울 요가 깔려 있었다. 부족민들이 짓는 이런 집은 부족 회의 같은 특별한 행사 때 모이는 곳이었다. 나는 특권을 얻은 듯한 느낌을 받았다.

다음 날 아침 우리는 갓 만든 요구르트, 꿀, 파파야, 가까이 있는 나무에서 딴 코코넛으로 이루어진 아침 식사를 한 뒤, 가족의 텃밭으로 향했다. 우리는 널찍한 밭의 기름진 갈색 토양에서 얌과 감자, 신선한 채소, 허브, 열대 과일을 수확했고, 채소들 사이에서 잡초처럼 자라는 새빨간 방울토마토와 야생 과일을 간식으로 먹었다. 나오미와 피에르는 끝을 날카롭게 간 산호로 울타리를 세워 작물을 뜯어먹는 민달팽이를 막는다고 알려 주었다. 마치 경기장에 그려진 하얀 줄처럼 보였다. 또 금속 울타리 기둥에 걸린 플라스틱 음료병은 달각거리는 소리를 내어 멧돼지를 쫓는다고 했다.

우리는 집으로 돌아와서 얌, 고구마, 바나나, 코코넛 밀크, 신선한 생선 등 지역 농산물을 모두 커다란 바나나 잎으로 싸서 땅에 판 구멍에 새빨갛게 달군 돌로 요리를 하는 전통적인 오븐에 몇 시간 동안 넣어서 찐 맛 좋은 카나크족 요리인 붕가로 점심 식사를 했다. 신선한 채소가 어디에서 나오는지 보았으니, 이제 맛있는 생선을 어떻게 얻는지 직접 경험할 차례였다.

식사를 한 뒤 우리는 피에르와 나오미의 아들인 폴 종고가 낚싯배 준비하는 일을 도왔다. 그는 우리를 뉴칼레도니아로 오게 한 연구 과제의 책임자였다. 우리는 배를 타고 바다로 나갔다. 전날에는 해안에서 스노클링을 했기에, 무엇을 보게 될지 어느 정도 감을 잡고 있었다. 해안 가까운 바다에도 생명이 우글거렸다. 물이 탁했지만 몇 분 정도 헤엄쳐 가니 바다거북, 큰 무리를 지은 원양 어류, 뾰족한 가시로 덮인 쏠배감펭, 색종이 조각을 흩뿌린 듯 산호초에 떠다니는 형형색색의 작은 물고기들이 보였다.

우리가 배를 띄운 곳에서 수백 미터쯤 나아가니 수심이 1백 미터까지 낮아졌다가, 좀 더 나아가자 3백 미터까지 쑥 내려갔다. 이윽고 우리는 첫 목적지에 다다랐다. 깊은 바다에서 마치 산처럼 솟아오른 셸터리프라는 대형 산호초였다. 이런 깊은 바다에서 솟아오른 산호초는 자석처럼 어류를 끌어당긴다는 것을 나는 잘 알고 있었다. 그곳은 우리를 실망시키지 않았다.

도착한 지 얼마 지나지 않아 우리가 뒤쪽으로 미끼를 늘어뜨리고 배를 끌고 가자 커다란 물고기가 꾀어들면서 생기는 소용돌이와 물 튀김이 보이기 시작했다. 폴이 소리를 질러 바라보니, 만새기 한 마리가 힘차게 수면 밖으로 뛰어올랐다가 우리미끼를 잡으려다 실패하는 광경이 보였다. 다음번 시도는 성공했다. 폴은 배를 멈추었고, 나는 16킬로그램이나 나가는 그 물고기를 힘겹게 배 위로 끌어 올렸다. 물고기는 오후 햇살에 금색과 청색으로 반짝거렸다. 잠시 뒤 우리는 커다란 트레발리도한 마리 잡았다.

이어서 우리는 더 얕은 산호초 해역에서 작살로 물고기를 잡기 위해 해안에 더 가까이 다가갔다. 나는 물로 뛰어들자마자, 아주 특별한 경험이 되리라는 것을 알아차렸다. 전날에는 해안모래가 일어서 물이 탁해 내 주위에 있는 생물들만 흐릿하게볼 수 있었는데, 이번에는 물이 아주 맑아 우글거리는 생물들이 한눈에 보였다. 처음 잠수해 방금 뛰어든 세계로 들어가고있을 때, 커다란 리프상어 한 마리가 핵 잠수함처럼 당당하게천천히 내 앞을 스쳐 지나갔다. 조금 조바심을 낸다는 느낌을받긴 했다. 사냥할 때 보이는 행동이었다. 곧 몇 마리가 더 보였고, 그래서 무슨 일이 벌어지고 있음을 직감했다.

잠시 상어들 곁에서 헤엄치면서 사진을 찍은 뒤, 수면으로올라와 폴과 올리비에가 어디 있는지 살폈다. 그들은 먼바다쪽으로 가 있었다. 다가가니, 그들은 물고기가 우글거리는 넓고 깊은 수로 옆에서 지켜보는 중이었다. 많은 물고기가 강한 해류에 맞서 제자리를 유지하기 위해 열심히 헤엄치고 있었다. 어느 순간 송곳니참치 두 마리가 이빨 달린 어뢰처럼 쑥 지나 갔다. 그런데 이 수로에서 사냥하는 이들이 우리만은 아니었 다. 상어도 있었다. 앞서 오스트레일리아 그레이트배리어리프 에 있는 리저드섬에서 조사한 적이 있었기에, 사냥하는 리프상 어 근처에서 작살로 물고기 잡는 일은 아예 안 하는 편이 낫지 만, 해야 한다면 아주 조심해야 한다는 것을 알고 있었다. 리프 상어는 사람을 공격하는 일이 거의 없지만, 작살 끝에서 몸무 림 치는 물고기를 보면 주저하지 않을 것이다. 그리고 도중에 걸리적거리는 것이 있으면 가만두지 않을 것이다. 이 바다를 잘 아는 폴은 트레발리 한 마리를 잡자마자 배 위로 던졌고, 그 것으로 그날의 작살 낚시는 끝났다.

우리가 닻을 올리고 떠날 채비를 할 때, 저쪽에서 소리가 들 렸다. 우리가 낚시하던 곳 근처로 젊은이 세 명이 작은 양철 배 를 타고 오고 있었다. 폴의 친구인 부족 사람들이었는데, 다음 주에 있을 전통 장례식 때 조문객들에게 대접할 물고기를 잡고 있었다. 배에는 물고기가 든 양동이가 있었는데, 상어를 사냥 하는 미끼였다. 한 명이 사람 가슴팍만 한 커다란 물고기를 들 어 올렸다. 그는 칼로 등뼈를 중심으로 물고기를 정확히 반으 로 갈랐다. 상어가 틀림없이 달려들 터였다.

우리는 잡은 트레발리를 그들에게 주었다. 폴이 작살로 잡은 그 트레발리는 셸터리프를 거쳐 해안으로 운반되어 장례식에 쓰일 터였다. 돌아가는 길에 해가 붉게 변하고 물이 짙은 파란

색을 띠어 갈 때, 올리비에가 앞서 내가 잡은 것과 비슷한 크기의 만새기를 잡았고, 코린은 와후라는 커다란 꼬치고기처럼 생긴 물고기를 낚았다.

해가 수평선 아래로 떨어졌을 때 우리는 낚싯줄을 걷은 상태였다. 나는 앉아서 우리가 앞서 나누었던 대화를 곰곰이 생각하고 있었다. 리푸섬에는 상업적 어업 활동이 거의 존재하지 않는다. 가족을 먹이고 결혼식과 장례식 같은 행사 때 사람들에게 대접할 물고기를 잡는 생계형 어업 활동만 이루어질 뿐이다. 리푸섬의 풍요로운 바다에서 이런 어업은 지속 가능하며, 어업 활동이 달라지지 않는다면 무한정 지속될 수 있을 것이다. 어업에 변화가 일어나 상업적 어획을 하는 선단이 방향을 돌려 이곳으로 온다면, 건강하고 목가적인 전통 생활 방식은 파탄 날 것이다. 그리고 이미 그런 위협이 가해지는 중이었다.

다음 날 그 문제를 직접 목격했다. 우리는 리푸섬의 주요 도시인 위We로 갔다. 섬 생활의 다른 측면을 보기 위해서였다. 먼저 우리는 물품을 조금 구입하기 위해 슈퍼마켓에 들렀다. 선반에는 화려하게 포장된 가공식품들이 가득했다. 라면, 과자, 가공육 통조림 등 온갖 식품이 있었다. 호랑이 서식지를 지나올 때 부탄산맥으로 정크 푸드를 싣고 올라가던 말이 떠올랐다. 가장 놀라운 점은 신선 식품을 거의 찾아볼 수 없다는 것이었다. 앞서 종고 집에서 먹었던 채소와 생선은 어디 있는 것일까?

아마 신선 식품을 파는 매장이 따로 있는 것 아닐까? 하지만 아니었다. 우리는 텃밭에서 생산되는 남는 농산물을 도시 사람에게 팔기 위해 몇 년 전 설립된 채소 협동조합 매장에 가보았다. 그곳도 놀라울 만치 텅 비어 있었다. 선반에 얌, 감자, 고구마는 있었지만, 호박 몇 개와 양배추 한 개를 제외하고는 녹색, 주황색, 노란색, 빨간색을 띤 농산물이 전혀 없었다. 친절한 매장 관리자는 각 가정이 오로지 자신들이 먹고 행사 때 쓸 만큼만 생산한다는 점이 문제라고 설명했다. 대신에 도시 사람들은 우리가 슈퍼마켓 선반에서 본 포장 식품에 눈을 돌리고 있다. 값싸고 맛이 좋지만, 황폐한 결과를 빚어내는 식품들 말이다.

새로운 식품을 접하면서, 텃밭에서 과일과 채소를 기르고 수확하거나 물고기를 잡는 기술을 배우는 아이들이 점점 줄어들고 있다. 반면에 수입 가공식품을 파는 매장은 점점 늘어나고 있다. 그리하여 당뇨병을 비롯해 식단 관련 질환을 앓는 사람의 수도 늘고 허리둘레도 늘고 있다.

부탄에서 우리는 동일한 과정의 더 이전 단계를 보았다. 인공 식품이 전통적인 생활 방식으로 살아가는 이들의 식단에 침투하는 단계였다. 아직 야크 목축인 중에는 비만인 사람이 없다. 이런 식품을 접할 기회가 아직은 한정되어 있어서다. 상점도 자판기도 없으므로 말을 통해 운반해야 한다. 그러나 리푸섬은 배로 운송할 수 있고 게다가 자체 공항도 있어, 그런 제약을 전혀 받지 않는다. 그 결과, 2010년 이래 과체중과 비만인 사람의 비율이 13퍼센트 증가했으며, 지금은 성인 중 80퍼센트가 영향을 받고 있다. 마찬가지로 부탄에서도 가공식품을 산으로 올려 보낼 크고 작은 도시가 가까이 있는 지역, 즉 가공식품을 더 쉽게 접할 수 있는 지역에서는 비만자 수가 늘어나고 있다.

우리가 두 나라에서 보고 있는 것 — 그리고 전 세계에서 같은 양상으로 반복되고 있는 것 — 은 미국과 오스트레일리아 같은 나라들을 휩쓸고 있는 과정의 더 이전 단계들이다. 바로 〈영양 전이〉다. 경작과 사냥을 토대로 한 전통적 먹이 환경이 화학자와 식품 공학자가 사람의 입맛에 맞도록 설계한 뒤 제조해 세계 구석구석으로 운송되어 언제나 동일한 결과를 빚어내는 식품들로 이루어진 환경으로 대체되고 있다. 그 결과, 전통적인 섭식 습관과 관련된 기술들이 사라지고, 비만 및 관련 질환들이 증가한다.

그런데 가공된 식품이 어떻게, 왜 그런 문제를 일으키는 것일까? 곤충, 영장류, 기타 종들을 살펴본 우리 연구는 이 질문에 답하는 데 도움을 줄 수 있을까? 다음 장에서 논의하기로 하자.

10장 요약

1. 먹이 환경이 영구히 변하면, 동물은 변한 환경에 적응하기 위해 새로운 전략을 진화시킨다. 변화가 너무 빨리 또는 너무 극단적으로 일어난다면, 적응 과정은 건강 악화, 조기 사망, 심지어 멸종 위기까지 수반한다.
2. 인류는 문화적 수단을 이용해 몇 단계에 걸쳐 우리의 먹이 환경을 바꿔 왔다. 불의 제어, 도구의 발명, 사냥과 채집에서 농경으로의 전이, 더 최근에 이루어진 식품 생산의 산업화와 유통의 세계화.

3. 세계화는 전 세계 문화에서 전통적인 건강한 식단을 건강하지 못한 산업 생산 식품으로 대체하고 있다. 선진국에서는 이미 수십 년 전부터 진행되어 왔다.
4. 산업 생산 식품은 인간의 건강에 어떻게 영향을 미쳐 왔을까?

11장
현대 환경

무언가를 명확히 보려면 먼저 딴 데를 살펴보는 것이 가장 좋은 방법일 때가 많다. 정말 기이한 사실이다. 우리 삶에서 가장 중요한 것 중 하나, 즉 우리의 먹이 환경을 살펴보기 위해 우리가 한 일이 바로 그것이다.

지난 30년 동안 우리는 실험실에서 메뚜기, 바퀴벌레, 고양이, 개, 밍크 등 많은 동물을 살펴보았다. 또 야생에서 말느림보메뚜기, 여치, 원숭이, 유인원도 연구했다. 그리고 수천 년에 걸친 인류 역사가 현대 세계와 충돌하는 지점을 보기 위해 산맥과 외딴 섬에도 가보았다.

이제 우리 종에게로 돌아가면, 그 핵심 질문을 전보다 더 명확하게 볼 수 있다. 우리는 원하는 어떤 먹이 환경이든 창조할 능력을 지니고 있는데, 왜 그렇게 건강하지 못한 영양 상태, 질병, 죽음, 불평등, 환경 파괴를 일으켜 온 것일까?

우리 눈에는 또한 몇 가지 답이 보이기 시작했다.

2015년 브라질에서 데이비드에게 온 이메일이 현대 먹이 환경이 얼마나 유독해졌는지 이해하고자 하는 우리 탐구를 한 단계 진척시킨 중요한 계기가 되었다. 상파울루 대학교의 저명한 공중 보건 영양학자 카를루스 몬테이루 교수가 보낸 것이었다. 우리는 카를루스 연구진이 하는 연구를 일찍부터 알고 있었고, 우리 논문에 인용하기도 했다. 그는 사람과 반려동물의 섭식 양상을 연관 지은 우리 논문을 읽고 자신의 연구와 관련 있음을 알아차렸다고 했다.

카를루스는 전 세계에서 식품의 종류와 비만의 관계를 연구해 왔다. 그는 처음에는 브라질, 이어서 미국을 포함한 여러 나라에서 명확한 패턴이 나타난다는 것을 보여 주었다. 초가공식품이라는 범주에 속한 음식을 더 많이 먹을수록, 사람은 더 비만해진다. 그리고 우리가 이미 알고 있듯이, 비만이 심해질수록 당뇨, 심장 질환, 뇌졸중, 특정한 유형의 암, 조기 사망 위험도 커진다.

우리 건강에 그런 피해를 입히는 이런 초가공식품은 무엇을 말하는 것일까? 짧게 답하자면, 앞 장에서 부탄의 히말라야산맥으로 운반되고 뉴칼레도니아의 목가적인 리푸섬의 슈퍼마켓 선반에 놓인 화려한 포장지에 들어 있는 바로 그 식품이다.

그러나 문제가 아주 크고, 아주 복잡하고, 아주 중요하다면, 짧은 답 이상의 것이 필요하다. 먼저 초가공이 다른 유형의 식품 가공과 어떻게 다른지 알 필요가 있다. 가공식품 중에는 아무런 위해도 끼치지 않고 심지어 우리 몸에 좋을 가능성이 있는 것도 많다. 바로 여기에서 카를루스 연구진이 등장한다. 그들은 가공 수준에 따라 식품의 범주를 정의하고, 어떤 가공식품이 건강에 해로운지 파악하는 체계를 고안했다. 이를 노바NOVA 체계라고 한다. 이 체계는 가공의 특성에 따라 식품을 네 가지 범주로 나눈다.

노바 1군은 비가공식품과 성분 조성이 대체로 온전히 보존되는 단순한 방식으로만 변형시킨 식품이 속한다. 말리거나 으깨거나 굽거나 삶거나 저온 처리를 하거나 못 먹는 부분을 제거하거나 진공 포장을 하는 방식이 그렇다. 1군 식품에서는 가공의 주된 목적이 더 오래 보관할 수 있도록 식품의 수명을 연장하고 더 먹기 쉽게 다듬는 것이다. 우유를 저온 살균하거나 분유로 만들거나, 채소를 통조림으로 만들거나 얼리거나, 견과를 무염 상태로 볶거나, 콩을 말리는 것 등이 그렇다.

노바 1군과 달리 2군은 자연식품이 아니라, 식품의 준비, 요리, 조미에 쓰이는 요리 성분들이다. 버터와 식용유 같은 지방, 설탕과 메이플 시럽 같은 관련 제품, 소금 등이다. 이 성분들은 주로 정제, 추출, 압착, 채굴과 증발(소금) 같은 기계적 과정을 통해 얻는다.

노바 3군은 가공된 것이긴 하지만 초가공 수준이 아닌 식품이다. 비가공식품이나 최소 가공식품인 1군에 지방, 설탕, 소금 같은 2군의 성분을 추가한 것이다. 주로 병 또는 캔에 담거나 발효시키는 보존 방법을 쓴다. 이런 유형의 가공은 주로 1군 식품의 유통 기한을 늘리고 맛을 더 좋게 하기 위해 이루어진다. 캔이나 병에 담은 콩, 채소, 과일, 생선 통조림, 가염 가당 견과, 소금을 첨가해 말리거나 훈제한 고기, 갓 만든 전통적인 치즈와 빵이 그렇다.

1, 2, 3군에 속한 가공은 새로운 것이 아니다. 최초의 인류 종이 진화하기도 전인 수천만 년 전부터 있었던 것도 있다. 앞 장에서 살펴본 우리의 먼 친척인 검은줄무늬카푸친이 원래 상태로는 먹을 수 없는 견과를 석기를 이용해서 껍데기를 깨고 알멩이를 먹는 것이 노바 1군 가공의 사례다.

노바 2군과 요리 성분을 추출하고 그것을 비가공식품에 첨가해 보존 기간을 늘리는 노바 3군은 1군보다 훨씬 더 나중에 출현했으며, 소수의 불가해한 사례들을 제외하고는 오직 인간만이 쓴다. 그래도 아주 오래전부터 쓰여 왔다. 고고학자들은 수천 년 전부터 올리브기름 추출, 치즈 제조, 베이컨 제조가 이루어졌다는 증거를 찾아냈다. 2018년에는 이스라엘의 한 동굴에서 1만 3천 년 전에 맥주 제조가 이루어졌다는 증거를 찾아냈다. 같은 해에 요르단의 수렵·채집인 야영지에서 1만 4천 년 전에 만들어진 까맣게 탄 빵 부스러기가 발견되었다. 따라서 인류는 아주 오래전부터 식품을 가공해 왔다. 농경이 시작되기도 전이다. 따라서 노바의 처음 세 범주에 속한 식품들은 현대의 영양학적 재앙을 일으킨 배후일 가능성이 낮아 보인다.

바로 여기에서 노바 4군이 등장한다. 초가공식품이다.

이 범주는 최근에야 등장했다. 대규모 산업이 발전하면서 섬유에서 철, 증기기관, 궁극적으로 동력 차량에 이르기까지 모든 것의 생산을 기계화하면서부터다. 같은 시기인 1864년에 최초의 살 빼기 책이 나온 것도 결코 우연이 아닐 것이다. 윌리엄 밴팅의 『대중에게 전하는 비만에 관한 편지Letter on Corpulence, Addressed to the Public』라는 책이다. 탄수화물을 적게 먹으라고 권하는 이 책은 즉시 베스트 셀러가 되었다. 2년 사이 6판까지 나오면서 무려 5만 권이 팔렸다. 당시로서는 엄청난 부수였다. 초가공식품이 빅토리아 시대 먹이 환경의 한 특징이 된 바로 그 시기에 비만도 대중의 마음속에 들어와 있었다.

노바 4군 식품은 어떤 것일까? 때로 식품이라고 여겨지지 않을 만큼 산업 공정을 통해 아주 철저히 가공된 것으로, 〈초가공제품〉이라고 한다. 산업 제품으로서 페인트나 샴푸와 전혀 다를 바 없다. 미용이나 개인 위생이 아니라 소비자의 입맛을 겨냥했다는 점만 다를 뿐이다. 대개 초가공식품의 제조는 커다란 기계에서 자연식품을 녹말, 당, 지방, 기름, 단백질, 섬유질 같은 성분으로 분리하는 것으로 시작한다. 여기에 들어가는 원료는 주로 옥수수, 콩, 밀, 사탕수수, 사탕무 같은 산업 규모로 대량 재배한 고수확 작물과 집단 사육한 가축을 도살해서 갈거나 삶는 등의 처리를 한 사체다. 그중 일부는 가수분해(화학적으로 분해하는 방식 중 하나), 수소화(수소 원자를 추가하는 것) 같은 화학적 변형을 거친 뒤, 다른 물질들과 결합된다. 그런 과정을 거쳐서 나온 산물은 유통 기한을 늘리고 질감, 맛, 냄새, 겉모습을 바꾸기 위해 예비 튀기기, 압출, 성형이라는 산업 공정을 추가로 거친 뒤 화학 물질 첨가제도 추가되곤 한다. 이런 화학 물질 중 상당수는 농업이 아니라 석유 화학 산업이나 다른 산업에서 나온다.

믿어지지 않겠지만, 사실이다. 널리 알려진 초가공식품을 하나 예로 들어 보자. 바로 아이스크림이다. 2016년 8월 17일 세계적 석유 화학 기업 BP가 발간한 잡지에 실린 한 기사는 이렇게 시작한다. 〈아이스크림, 초콜릿, 페인트, 샴푸, 원유의 공통점은 무엇일까? 그 뒤에 있는 과학이다.〉

기사는 영국 케임브리지에 있는 BP 다상 유동 연구소의 학제 간 연구진이 석유 생산에서 페인트, 샴푸, 초콜릿(또 하나의 초가공 산물), 아이스크림 같은 제품의 제조에 이르기까지, 여러 산업 공정에서 공통적 문제들을 어떻게 조사하고 있는지 설명했다. 과학적 관점에서 보자면, 서로 다른 분야 연구진들이 모여 큰 문제를 살펴보는 것은 바람직한 일이다. 우리 연구소인 찰스 퍼킨스 센터에서도 비만, 당뇨, 심장 질환이라는 현대 유행병을 일으키는 다양한 힘을 이해하기 위해 거의 같은 접근법을 취하고 있다.

석유, 샴푸, 페인트, 초가공식품 산업의 공통 관심사가 사람의 식단을 개선하는 것이 아니라 생산 효율을 더 높이거나 소비자가 더 혹할 제품을 만드는 것이라는 점만 다를 뿐이다. 그리고 이런 산업들은 도전 과제와 관심사만 같은 것이 아니라, 제조 문제를 해결하기 위해서 쓰는 원료와 공정도 동일할 때가 많다.

아이스크림을 예로 들어 보자. 아이스크림은 가정에서 그냥

크림, 설탕, 과일이나 다른 맛난 성분을 이용해 만들 수도 있다. 이제 대량 생산되어 판매되는 아이스크림의 제조에 흔히 들어 가는 성분이 무엇인지 생각해 보자. 벤질 아세테이트는 비누, 세제, 합성수지, 향수에도 쓰이고, 플라스틱과 수지에 용매로 도 쓰인다. 알데히드 C-17은 염료, 플라스틱, 고무에도 쓰인 다. 부티르알데히드는 연료인 부탄가스에서 얻으며 약, 살충 제, 향수 제조에도 쓰인다. 피페로날은 예전에 병원에서 머릿 니를 제거하는 데 쓰였다. 에틸 아세테이트는 접착제와 매니큐 어 제거제로도 쓰인다. 이 목록은 계속 이어진다.

그리고 판매되는 아이스크림은 우리 식단에서 미미한 지위 에 있지 않다. 2018년에 미국인들은 20억 킬로그램의 아이스 크림을 먹었다. 1인당 약 6킬로그램이다. 그런 성분이 들어 아 이스크림이 초가공식품이라는 범주에 들어가는 것 중 하나에 불과하다는 점을 생각하면 더욱 걱정스럽다. 마찬가지로 대량 생산되는 사탕, 초콜릿, 케이크, 빵, 피자, 칩, 식사 대용 시리 얼, 샐러드드레싱, 마요네즈, 케첩 등 이루 말할 수 없이 많은 제품에도 들어간다.

2018년 오스트레일리아에서 판매된 포장 식품 중 61퍼센트 는 노바 4군에 속했다. 2016년에 새로 출시된 음식료품은 2만 1,435가지인데, 그중 대부분은 초가공식품이었다. 그러니 우 리가 얼마나 낯선 화학 물질 칵테일을 몸속으로 쑤셔 넣고 있 는지 상상해 보라.

이런 식품들이 우리에게 해를 끼칠지 여부는 중요한 질문이지만, 아주 복잡한 질문이기도 하다. 그중에는 해를 끼칠 수 있는 것도 있고, 확실히 해를 끼치는 것도 있다. 2018년 10월, 미국 식품 의약국FDA은 그전까지 초가공식품에 인공 감미료로 쓰이던 8가지 첨가제를 금지했다. 동물 실험에서 암을 유발할 수 있다는 증거가 나왔기 때문이다. 벤조페논, 아크릴산 에틸, 유제닐, 메틸 에테르, 미르센, 풀레곤, 피리딘, 스티렌(이런 것들이 식품에 쓰였다니!)이다. 벤조페논은 식품과 접촉하는 고무를 제조하는 데도 쓰지 못하게 되어 있다. 이 글을 쓰는 현재(2019년 6월), 그리고 독자가 이 글을 읽을 때까지도 이런 화학 물질이 여전히 식품에 대량으로 쓰일 수 있다. 2년이라는 유예 기간을 두었기 때문이다. 그러나 독자가 어느 식품에 그것들이 들어 있는지 알 방법은 없을 것이다. 식품 제조사들은 구체적으로 표기할 필요 없이 〈인공 감미료〉라고 적기만 하면 되기 때문이다.

이 모든 성분은 첨가되는 식품에 자연적으로 들어 있지 않다는 의미에서 인공적이다. 그 식품 자체도 자연적으로 생기는 것이 아니므로 더욱 그렇다. 산업 공정으로 제조되는 초가공 산물이다. 그러나 이런 화학 물질 중에는 노바 1, 2, 3군에 속한 식품에 자연적으로 들어 있는 것도 있다. 한 예로, 미르센은 백리향, 대마, 파슬리, 홉 등 많은 식물에 들어 있다. 그러나 식품과 향수 분야에서 산업 규모로 쓰이는 것은 대개 식물에서 추출하지 않고 화학적으로 합성해서 얻는다. 분자는 같지만 원천이 다르다. 유제닐은 정향, 월계수 잎, 바질, 육두구 등 요리에 쓰이는 많은 향기 식물에 들어 있다.

따라서 어떤 화학 물질이 자연적으로 생긴다고 해서 반드시 안전하다는 의미는 아니다. 사실 미르센과 유제닐 등 자연적으로 생기는 많은 화학 물질은 안전하지 않도록 진화한 것이다.

마찬가지로 어떤 화학 물질이 어려운 이름을 지니고 식품에 인위적으로 첨가되는 것이라고 해서, 또 그것이 머릿니를 죽이거나 페인트를 만들거나 플라스틱을 제조하는 데 쓰인다고 해서, 반드시 독성을 띤다는 의미는 아니다. 이소아밀 아세테이트를 예로 들어 보자. 이 화학 물질은 아이스크림, 사탕, 케이크 등 다양한 초가공식품에 바나나 맛을 내는 첨가제로 쓰인다. 페인트와 래커의 용매로도 쓰이고 구두약에도 첨가된다. 왠지 좀 꺼림칙한 기분이 들지 않는가? 그러면 물, 곡물, 홉, 효모 외에는 아무것도 쓰지 말라고 금지하는 독일의 유명한 맥주 순도법이 있음에도, 이 화학 물질이 몇몇 맥주에 상큼한 과일 맛을 내기 위해 쓰인다는 점을 생각해 보라. 이 물질은 맥주를 만드는 효모가 발효할 때 부산물로서 자연적으로 생성된다. 또 다른 화학 물질들과 섞여 바나나의 독특한 맛을 낸다. 아이스크림에서 이 첨가물을 뺀다면, 맥주와 바나나에서도 빼야 하지 않을까? 어쨌든 아이스크림에 인공적으로 첨가하든, 효모가 맥주로 분비하든, 바나나에서 자연적으로 합성되든 간에 같은 분자다.

또 가공식품 제조사들은 만들어 낸 식품에 인위적으로 변형시킨 분자를 첨가함으로써 또 다른 경계도 넘는다. 한 가지 유명한 사례는 트랜스 지방이다. 트랜스 지방은 식물에서 얻은 건강한 불포화 기름에 앞서 말한 수소화(수소 원자를 첨가하는) 공정을 적용해 산업적으로 생산한다. 그렇게 하는 이유 중 하나는 액체 기름을 고체로 만들기 위해서다. 이 고체 기름은 버터 대신에 더 적은 비용으로 피자, 과자, 전자레인지용 팝콘, 도넛 같은 바삭바삭한 식품을 만드는 데 쓸 수 있다. 이런 식으로 건강한 기름을 고체 형태로 바꾸면 유통 기한도 늘어나고, 당연히 그 기름을 쓴 초가공식품도 더 오래 보존할 수 있다.

불행히도 트랜스 지방은 그 바삭바삭하면서 오래가는 맛난 식품을 먹는 이들의 장수에는 전혀 기여하지 않는다. 건강 전문가들은 산업적으로 생산되는 트랜스 지방이 식품에 들어 있는 모든 지방 중에서 가장 해롭다는 데 동의한다. 세계 보건 기구WHO는 트랜스 지방으로 생긴 심장 질환으로 해마다 전 세계에서 약 50만 명이 사망한다고 추정한다. 2005년 덴마크를 시작으로 아이슬란드, 오스트리아, 스위스 등 몇몇 고소득 국가에서 트랜스 지방 사용을 금지하고 있음에도 그렇다. 미국은 뉴욕을 비롯한 몇몇 주가 자체 금지 조치를 내리고 난 2018년에야 비로소 그 뒤를 따랐다. 뉴욕과 덴마크에서 이루어진 연구들은 그 뒤로 심장 질환 때문에 입원하고 사망하는 사람의 수가 상당히 줄었음을 보여 준다. 트랜스 지방은 여전히 많은 저소득 및 중간 소득 국가의 식품 공급에 상당히 기여하고 있으며, 몇몇 부유한 나라에서도 그렇다. 오스트레일리아는 트랜스 지방을 전혀 금지하지 않으며, 가공식품 제조사에 이 해로운 성분이 제품에 얼마나 들어 있는지 표기하라는 의무조차 부과하지 않고 있다.

인공 첨가제가 혼란스럽다고? 우리도 그렇다. 너무나 많은 인공 첨가제가 초가공식품을 생산하는 데 쓰이고 있기에 — 오스트레일리아에서는 사용 허가를 받은 것이 3백 가지가 넘는다 — 이런 별난 칵테일이 안전한지 살펴보는 것이 결코 쉽지 않다. 아니, 가능하지도 않다. 안전한 종류도 있을 것이고, 특정한 상황에서만 안전한 종류도 있을 것이고, 트랜스 지방처럼 어떤 상황에서든 안전하지 못한 종류도 있을 것이다. 그리고 설령 우리 소비자가 각각의 인공 첨가제를 충분히 잘 알아서 무엇을 먹고 피할지 합리적으로 결정 내릴 수 있다고 할지라도, 포장지에 〈인공 감미료〉라고 모호하게 표기함으로써 정확히 어떤 첨가제가 들어 있는지 알 수 없거나(최근 미국에서 금지된 첨가제처럼), 아예 표기하는 것조차 의무 사항이 아니라면(오스트레일리아의 트랜스 지방처럼) 그 지식은 별 소용이 없다. 그럴 때는 모든 초가공식품을 의심하는 편이 최선의 전략일 수 있다.

그러나 야생에서 자연의 먹이 환경에서 살아가는 동물들을 연구하고 실험실에서 인공 먹이 환경을 만들어 연구하는 일로 30년을 보내다 보니, 우리는 상황이 처음에 추측했던 것만큼 복잡하지 않을 수도 있다는 점을 깨달았다. 우리 자신을 그저 다른 먹이 환경에 있는 또 하나의 종이라고 보면 혼돈 속에서 질서가 나타난다. 물론 좀 특이한 환경이긴 하지만.

그런 관점에서 볼 때 명백해지는 것 하나는 새 화학 물질 칵테일을 담은 초가공식품을 창안하거나 화학 물질들을 새로운 맥락에 놓는 것이 심각한 문제를 불러왔다는 것이다. 이런 물질 중 상당수는 영양학적 특성 때문이 아니라, 가공 비용을 줄이거나 유통 기한을 늘리거나 맛없는 화학 물질 죽과 다름없었을 것의 심미적 매력 ― 맛, 바삭함, 색깔 등 ― 을 개선하는 산업적 간편 수단으로서 첨가된다.

수백만 년에 걸쳐 진화한 인간의 섬세한 생리적 특성들을 그렇게 낯선 새로운 음식 성분들에 노출시킨다는 것은 결과를 복권 추첨에 맡기는 꼴이었다. 거의 우연히 안전하다고 드러나는 성분도, 더 나아가 이롭다고 드러나는 성분도 있을 것이다. 그러나 위험을 가할 성분도 있을 가능성이, 아마 많을 가능성이 꽤 높았다. 약물이 여러 해 동안 수백만 달러를 들여 여러 단계에 걸쳐 철저히 검사한 뒤에야 승인받아 출시되는(또는 거부되는) 이유가 바로 그 때문이다. 그러나 식품 산업에서 첨가제를 사용할 때는 그런 엄밀한 과정을 전혀 거치지 않는다.

이 모든 것이 우려되지만, 이 독성의 복권 추첨보다 더 미묘하면서 더욱 두려운 측면, 우리가 가장 두려워해야 하는 측면이 하나 있다. 제조사들이 보증하는 이런 제품들의 그런 특성들이 우연과 거의 관련 없다는 것이다. 그것들은 한 가지 특정한 결과를 얻기 위해 의도적으로 고안된 것이다. 바로 우리에게 아주 많이 먹이는 것이다. 그리고 문제의 상당 부분은 인공 첨가물이 아니라, 우리 몸이 살아가는 데 필요한 바로 그 영양소를 미묘하게 비트는 데서 비롯된다.

이유를 설명하려면, 옥스퍼드 실험실의 작은 플라스틱 상자에 담긴 메뚜기를 대상으로 한 우리의 초기 실험으로 돌아갈 필요가 있다.

우리가 진행한 곤충 실험의 목적은 영양소의 비율을 다양하게 조합한 혼합물이 곤충에게 어떤 영향을 미치는지 이해하는 것이었다. 당시 많은 과학자, 특히 생태학자들은 이 주제를 다룬 논문을 썼고, 더 나아가 자신의 개념을 조사하는 실험까지 했다. 그러나 여전히 논쟁과 혼란으로 가득한 상황이 지속되었다. 거기에는 주된 이유가 하나 있었다. 그들이 야생에서 동물이 무엇을 먹는지 조사하거나 실험실에서 동물이 무엇을 먹는지 실험할 때 잎 같은 진짜 먹이를 썼기 때문이다.

이 방식의 문제점은 먹이 대부분이 무수한 화학 물질로 이루어져 있어서 연구 결과가 조사하는 어떤 특정한 영양소 때문인지, 어떤 다른 영양소 때문인지, 아니면 영양소의 어떤 특정한 조합 때문인지 알기 어렵다는 것이다. 우리는 그 점이 우리의 목표 달성을 가로막는 진정한 장애물이라고 보았다.

그래서 처음 메뚜기 실험 계획을 짤 때, 우리는 실제 식물의 복잡성을 피해 실험용 먹이를 직접 만들기로 했다. 그래서 먹이의 조성을 정확히 조절할 수 있도록 했다. 우리는 식품 공급업체가 아니라 화학 물질 공급업체에서 주문한 성분들을 조합해 먹이를 만들었다. 다양한 원천에서 산업적으로 추출해 정제한 뒤, 화학식, 순도 비율, 때로는 원료까지 표기한 용기에 담아서 주로 연구용으로 판매되는 제품들이었다. 〈박테리오파지 펩티드〉, 〈카제인〉, 〈달걀 알부민〉(모두 단백질), 〈수크로스〉와 〈덱스트린〉(둘 다 탄수화물), 〈리놀렌산〉(지방), 〈웨슨 염 혼합물〉(복합 비타민), 〈셀룰로스〉(소화 안 되는 섬유질), 〈아스코르브산〉(보존제, 비타민 C로도 불린다) 같은 것들이었다. 이런 성분들을 이용해 우리는 특수한 먹이를 고안할 수 있었고, 곤충을 대상으로 그런 먹이의 효과를 조사했다. 다시 말해, 우리는 과학 연구를 위해 우리 나름의 초가공식품을 만들었다.

우리 실험은 흥미로운 결과를 내놓았다. 곤충이 다양한 식단에 어떻게 반응하는지 알면 알수록, 우리는 메뚜기의 생물학적 특성을 더욱 조절해 자연이 결코 의도하지 않은 결과를 내놓게 할 수 있었다. 우리는 메뚜기가 더 먹거나 덜 먹도록 하고, 다른 먹이는 제쳐 두고 특정한 먹이만 먹도록 하고, 빨리 자라거나 느리게 자라게 하고, 살찌거나 여위게 하고, 알을 많이 낳거나 적게 낳게 하고, 오래 살거나 일찍 죽게 하고, 멀리까지 돌아다니거나 한자리에서 빈둥거리게 하고, 물을 많이 마시거나 적게 마시게 할 수 있었다. 나중에 대규모 생쥐 실험에서 보여 주었듯이(8장 참조), 우리는 〈다이얼을 돌리듯〉 그저 먹이를 조정하는 것만으로 원하는 결과를 얻을 수 있었다.

그리고 우리는 별난 화학 물질을 먹이에 첨가하는 것이 아니라, 그저 순수한 영양소들의 혼합 비율을 조절함으로써 그 일을 해냈다. 가장 강력한 성분은 언제나 단백질이었다. 탄수화물에 비해 단백질의 비율을 높이면, 실험 동물의 삶에 한 가지 결과를 빚어낼 수 있었다. 단백질의 비율을 낮추면, 다른 결과가 나왔다. 단백질을 중심으로 성분의 혼합 비율을 바꿈으로써, 우리는 메뚜기가 평소보다 다섯 배나 더 먹게 또는 덜 먹게 할 수 있었다! 식단을 통해 동물에게 엄청난 힘을 발휘했다.

이 실험을 계기로 우리는 사람의 식단을 생각하기에 이르렀다. 우리 인간도 영양소 혼합 비율의 작은 변화에 민감하게 반응할까? 만일 그렇다면, 메뚜기를 비롯한 다른 종들에서와 마찬가지로 단백질이 핵심 요인일까? 학생인 레이철 배틀리가 우리에게 와서 자기 집안의 스키 별장에서 친구들을 대상으로 실험하고 싶다고 했을 때 우리가 그토록 흥분한 이유도 바로 그 때문이었다. 앞서 살펴보았듯이, 우리 인간도 단백질 비율을 바꿈으로써 쉽게 조작할 수 있었다. 식단에 단백질이 너무 적게 들어 있다면 과식해 살이 찔 정도까지 지방과 탄수화물 섭취량을 바꿀 수 있었다.

그러나 아직 답하지 못한 몇 가지 중요한 질문이 있었다. 실험할 때 단백질이 우리가 얼마나 많이 먹을지 결정한다는 것이 현실 세계에서도 그렇다는 의미는 아니었기 때문이다. 현실에서 우리는 슈퍼마켓 선반, 요리책, 식당 차림표에서 원하는 식품을 고른다. 바로 그 때문에 자유롭게 선택하는 세계에서는 어떤 일이 일어나는지 알아보고자 우리는 야생으로, 즉 자연의 먹이 환경으로 가서 동물이 어떤 섭식 행동을 하는지 조사했다.

그리고 우리는 단백질의 희석이 현대 식품 환경에서 사람이 과식하게 만드는 원인임을 증명했지만, 또 다른 의문이 제기되었다. 〈우리 식단의 단백질 함량을 희석하는 것이 어떤 음식일까?〉 우리는 이미 몇몇 다른 종을 대상으로 그 질문의 답을 얻은 상태였다. 예를 들어, 우리는 오랑우탄에게서는 열매가 바로 그 원인임을 알아냈다. 열매를 구할 수 있는 시기에 오랑우탄은 단백질 목표 섭취량을 맞추기 위해 많은 열량을 섭취하며, 그 결과 상당히 살이 찐다.

그렇다면 사람은 어떨까? 카를루스가 보낸 이메일은 우리를 그 답으로 이끌었다.

우리에게 연락하고 몇 달 뒤, 카를루스는 박사 과정 학생인 유리 마르티네스 스틸과 함께 미국인의 식단을 분석하는 일을 해보자고 우리에게 제안했다. 그들은 엄청난 양의 데이터를 조사하고 있었다. 미국 정부의 지원으로 이루어진 국립 보건 영양 설문 조사에 참여한 9,042명의 식단에 관한 정보였다. 분석 목표는 초가공식품의 섭취가 미국인의 식단에 어떻게 영향을 미치는지 조사하는 것이었다.

유리와 카를루스는 식단에 초가공식품이 들어가는 비율에 따라 참여자들을 다섯 집단으로 나누었다. 1군은 하루 식단 중 33퍼센트가 초가공식품이었다. 맞다, 3분의 1이다! 게다가 1군은 그 비율이 가장 낮은 집단이었다. 2군의 식단은 49퍼센트, 3군은 58퍼센트, 4군은 67퍼센트가 초가공식품이었다. 그리고 5군은 무려 81퍼센트에 달했다. 이 값은 평균이므로, 5군에는 초가공식품을 81퍼센트 넘게 섭취하는 이도 많다는 의미였다. 미국인 전체 평균은 57퍼센트였다. 즉 식단의 절반 이상이 초가공〈식품〉이었다.

이 통계를 처음 보았을 때 우리는 충격을 받았지만, 한편으로는 기회도 엿보았다. 우리는 보르네오섬의 숲 먹이 환경에서 과일이 오랑우탄에 하는 것과 같은 역할을 초가공식품이 미국인들에게 하는지 여부를 검증할 모델을 세울 수 있었다. 즉 단백질 목표 섭취량에 도달하기 위해 고열량을 섭취한다는 것이다.

늘 해왔듯이, 결과를 살펴볼 때 우리가 가장 먼저 한 일은 단백질을 가로축, 탄수화물과 지방을 세로축으로 삼아 기하학적 그래프를 그리는 것이었다. 데이터는 거의 완벽한 수직선을 이루었다. 즉 1군에서 5군으로 가면서 식단의 초가공식품 비율이 증가할 때, 단백질을 통해 얻는 열량의 비율이 18.2퍼센트에서 13.2퍼센트로 줄어들었다는 의미다. 이는 우리가 오랑우탄의 식단에서 본 것과 정확히 일치했다. 열매가 희귀할 때는 식단에서 단백질의 비율이 높고 열매가 풍족할 때는 단백질의 비율이 낮았지만, 그들이 섭취하는 단백질의 양은 늘 일정했다. 또 오랑우탄처럼 사람의 에너지 섭취량도 초가공식품 섭취량에 따라 증가했다. 1,946칼로리(초가공식품의 비율이 낮을 때)에서 2,129칼로리(높을 때)까지 늘어났다. 그러나 오랑우탄과 똑같이 모든 집단에서 단백질 섭취량은 아무런 차이가 없었다. 모두 단백질 목표 섭취량에 다다를 때까지 계속 먹고 있었다.

정신이 바짝 들게 하는 결과였다. 이는 식품 제조사가 고의든 아니든 간에 단백질 함량이 낮은 요리법을 지향하며, 우리가 더 많이 먹는 식으로 반응함을 시사하는 것일 수도 있었다. 먹이의 단백질 함량이 줄어들었을 때 메뚜기가 보인 반응과 똑같이 말이다. 건강하지 못한 식품을 판매하는 완벽한 체계였지만, 카를로스의 분석을 통해 이미 드러났듯이 우리가 비만, 질병, 조기 사망을 우려한다면 그리 달갑지 않은 것이었다.

앞서 메뚜기 실험에서부터 야생에서 이루어진 영장류 관찰에 이르기까지 여러 해에 걸쳐 이루어진 연구를 토대로 한 우리의 분석은 비만 유행을 바라보는 근본적으로 새로운 통찰을 제공한 바 있었다. 초가공식품은 우리를 살찌게 한다. 사람들이 으레 짐작하는 것과 달리, 그런 식품에 들어 있는 지방과 탄수화물에 우리가 강한 식욕을 갖고 있어서가 아니다. 오히려 단백질 식욕이 지방과 탄수화물 섭취량을 제한하는 능력보다 더 강하기 때문에 과체중이 된다. 따라서 초가공식품에서처럼 지방과 탄수화물로 단백질이 희석될 때, 우리의 단백질 식욕은 정상적으로 지방과 탄수화물을 그만 먹으라고 알려 줄 메커니즘을 압도한다. 그 결과, 우리는 원래 먹어야 할 양보다 더, 건강한 수준보다 더 많이 먹게 된다.

이 연구 결과는 많은 질문에 답했지만, 전부 다는 아니었다. 오랑우탄을 비롯한 영장류는 과일만 먹으면 살이 찌는데, 우리는 왜 그렇게 온갖 별난 산업 제품을 먹어서 살을 찌우는 것일까? 단백질 지렛대처럼, 그 답도 우리의 동물 실험에 뿌리를 두고 있다.

메뚜기를 비롯한 동물들을 연구할 때, 우리는 주로 단백질을 다른 영양소들과 비교하면서 얼마나 중요한 역할을 하는지 살펴보는 데 초점을 맞추었다. 우리가 아직 언급하지 않은 것이 하나 있는데, 동물이 어떻게 먹느냐에 중요한 역할을 하는 또 다른 성분 — 영양소도 아닌 것 — 이 있다는 사실이다.

바로 섬유질이다.

섬유질은 단백질 다음으로 곤충의 섭식 양상에 강한 영향을 미쳤다. 먹이의 섬유질 함량이 낮을 때, 그 양이 조금만 증가해도 메뚜기는 전체적으로 더 많이 먹게 되었다. 이유는 섬유질을 추가하면 단백질과 탄수화물의 비율이 전체적으로 희석되기 때문이다. 그 두 영양소의 섭취량을 유지하려면 메뚜기는 더 많이 먹어야 하며, 그 말은 곧 섬유질을 더 많이 먹는다는 뜻이었다. 그리고 더 많이 섭취한 섬유질이 어떻게 되는지는 굳이 생물학 박사 학위가 없어도 짐작할 수 있었다. 메뚜기가 먹이를 먹으면 몇 시간 지나기 전에 상자 곳곳에 널려 있는 작은 알약 모양 덩어리들이 보인다. 똥이다. 먹이에 섬유질이 더 많을수록, 이렇게 싸는 알갱이가 더 늘어났다. 섬유질은 메뚜기의 창자를 곧바로 통과해 배설되고 있었다.

그러나 어느 단계를 넘어서면 상황이 바뀌었다. 먹이에 섬유질이 충분히 들어 있으면, 메뚜기의 먹이 섭취량은 더 이상 늘어나지 않았다. 섬유질이 메뚜기에게 포만감을 준 것이다. 창자가 더 이상 먹이를 처리할 수 없는 단계에 이른 것이다.

그런데 오랑우탄과 우리 인간은 어떨까? 오랑우탄은 몸에 섬유질이 얼마나 들어오든 간에, 과체중이 될 때까지 열매를 먹었다. 반면에 사람은 비만이 될 때까지 열매를 과식하지 않는다. 우리는 다른 수단을 통해 비만에 이른다.

설명하기 위해 단순한 실험을 해보자. 사과 네 개를 하나씩 먹어 보자. 사람 대부분은 두 개쯤 먹으면 포기할 것이다. 이제 사과 네 개를 즙으로 짠다고 해보자. 컵 하나가 꽉 찰 양이다. 그 즙은 마시기 어렵지 않다. 거기에다 사과 네 개를 더 즙을 짜서 마실 수 있다고 해도 놀랍지 않을 것이다. 양쪽의 차이는 사과를 짜서 즙을 만들면, 섬유질이 대부분 제거된다는 것이다. 섬유질은 과육 찌꺼기에 남는다. 청량음료를 비롯한 달달한 음료들에 들어 있는 열량을 과다 섭취하기 쉬운 것도 바로 그 때문이다. 식욕 제동 장치가 작동하기 전에 그냥 목으로 넘어간다.

인간과 오랑우탄은 같은 영장류이지만, 열매를 먹을 때는 중요한 방식으로 다르다. 여러 초식 동물처럼, 오랑우탄도 대량의 식이성 섬유질을 처리하는 데 적응한 창자를 지닌다. 오랑우탄의 몸에서는 커다란 주머니 모양의 잘록창자가 그 일을 한다. 커다란 창자 덕분에 오랑우탄은 배가 꽉 차기까지 섬유질이 많은 열매 — 그 안에 들어 있는 모든 당분 및 지방과 함께 — 를 사람보다 더 많이 먹을 수 있을 뿐 아니라, 그 해부학적 차이는 다른 식으로도 섭취하는 열량을 늘린다. 오랑우탄의 잘록창자에는 세균 수십억 마리를 포함해 아주 많은 미생물이 살고 있으며, 그 미생물들은 섬유질을 소화해 유용한 열량으로 바꾼다.

섬유질은 오랑우탄과 달리 우리가 열매를 먹어서 살이 찌지 않는 이유를 설명한다. 그저 우리는 오랑우탄만큼 열매를 많이 먹을 수가 없기 때문이다. 또 섬유질은 우리가 초가공식품을 먹어서 살이 찌는 이유를 설명하는 데도 도움을 준다. 공장의 기계가 대규모 영농을 통해 생산된 많은 양의 작물을 녹말과 당으로 전환할 때 주로 제거하는 것 중 하나가 바로 섬유질이다. 제거된 섬유질은 다시 배합되지 않는다. 어쨌든 대부분은 그렇다. 그리고 메뚜기, 생쥐, 오랑우탄, 과일 착즙기로부터 우리가 배운 것이 있다면, 식품에서 섬유질을 제거하는 것이 우리 식욕에서 제동 장치를 제거하는 것과 같다는 점이다. 이제 비만과 초가공식품이 우리의 최근 역사 내내 불가분의 관계를 맺어 온 이유를 쉽게 이해할 수 있다.

메뚜기가 우리 기분을 우울하게 만들고 있다고 탓하기 전에, 메뚜기가 전하는 좋은 소식도 하나 있다고 말해 두자. 우리가 먹이를 조작해 탄수화물과 지방을 더 많이 먹도록 했을 때, 메뚜기는 건강한 미량 영양소 — 비타민과 무기질 — 도 덩달아 더 많이 섭취하게 되었다. 이것이 초가공 식단이라는 먹구름 사이로 비치는 한 줄기 햇살이 될 수 있을까?

이론상으로는 가능하다. 그러나 현실에서는 아니다. 미량 영양소들은 대량 추출 기계가 섬유질을 제거할 때 함께 제거되곤 한다. 그래서 초가공식품에는 애초에 비타민과 무기질이 거의 들어 있지 않아, 더 많이 먹는다고 해도 미량 영양소 섭취량은 거의 늘어나지 않는다.

냉소적인 사람은 단백질 함량을 줄이고 섬유질을 제거하면 우리가 먹을 수 있는 초가공식품의 양이 늘어날 테니, 그것이 제품의 판매량을 늘리기 위한 영리한 전략일 것이라고 결론을 내릴지도 모른다. 그럴 가능성도 있기야 하겠지만, 단백질 함량을 줄이는 또 다른 이유가 있다.

어떤 것들이 있을까? 우리는 뉴사우스웨일스 대학교의 롭 브룩스 교수와 그 문제를 공동으로 연구했다. 이 연구에는 메뚜기가 전혀 관여하지 않았고, 오로지 컴퓨터와 인터넷만 쓰였다. 우리는 미국과 오스트레일리아의 온라인 슈퍼마켓에서 쇼핑을 했다. 양쪽 나라에서 판매하는 106가지 상품으로 가상의 쇼핑 카트를 가득 채웠다. 그런 뒤 가격을 알아보고 각 상품의 영양소 함량을 기록했다. 그럼으로써 우리는 각 상품의 가격이 지방, 탄수화물, 단백질 함량에 얼마나 영향을 받는지 계산할 수 있었다.

두 나라에서 결과는 동일했다. 지방 함량은 식품의 가격에 거의 영향을 미치지 않았다. 이 영양소의 한 열량 단위가 증가할 때 가격은 아주 조금 올랐다. 반면에 단백질은 강한 영향을 미쳤다. 단백질 함량이 높을수록 상품은 더 비쌌다. 놀랍게도 탄수화물은 사실상 가격을 떨어뜨렸다. 즉 탄수화물 함량이 높을수록 그 식품은 더 쌌다! 따라서 가공식품 제조사가 단백질에 인색하고 지방과 탄수화물에 후한 이유를 쉽게 알 수 있다. 생산비를 줄일 수 있기 때문이다. 앞서 살펴보았듯이, 덤으로 우리 식욕도 증진시켜 과식하게 만드는 효과가 있다.

이 두 가지 설명, 즉 생산비 절감과 단백질 지렛대를 통한 섭취량 증가로 초가공식품에 단백질 함량이 낮고 지방과 탄수화물 함량이 높은 이유를 충분히 설명할 수 있을 듯하다. 그런데 더 압도적인 혜택이 있다. 바로 맛이다.

여기서 다시 우리의 고상한 메뚜기가 사례로 등장한다. 섬유질이 많이 들어 있는 먹이와 적게 들어 있는 먹이 사이에서 고를 수 있게 하자, 그들은 섬유질이 적은 먹이를 먹었다. 섬유질이 영양소를 희석하는 효과가 있고, 영양소 — 지방, 탄수화물, 단백질뿐 아니라 염류도 — 는 먹이의 맛에 중요한 역할을 하기 때문이다. 즉 섬유질이 적을수록 맛이 좋다는 뜻이다. 메뚜기의 미각을 조사한 우리의 초기 연구에서도 그렇다고 나왔다. 맛봉오리를 자극하는 영양소의 농도를 높이자, 메뚜기의 뇌로 전기 신호가 전달되는 빈도가 증가했고, 그럼으로써 메뚜기에게 먹도록 자극했다.

따라서 초가공식품의 섬유질 함량을 줄이는 것이 제조사에 이익이 된다는 사실을 쉽게 알 수 있다. 제품을 더 맛있게 하니까.

우리가 메뚜기에게서 관찰한 바로 그 효과는 역사상 가장 큰 건강 위기 중 하나를 설명하는 데 도움이 된다. 바로 초가공식품의 출현이다. 그것은 우리 식단의 두 추진력 — 우리가 무엇을 먹고, 그것을 얼마나 많이 먹는지 — 이 어떻게 협력해 그 위기를 부추기는지 잘 보여 준다.

섬유질이 적고 지방과 탄수화물이 많을수록 식품은 맛이 좋아진다. 그리하여 우리는 건강한 식품 대신에 그런 식품을 고르게 된다. 한편 이런 식품은 단백질 함량이 낮아 가장 저렴하게 생산할 수 있다. 그리고 이 적은 단백질, 적은 섬유질, 적은 비용의 조합은 우리를 과식하게 만든다. 초가공식품의 최종 승리다.

따라서 초가공식품은 보르네오섬의 천연림에서 열매가 오랑우탄에게 하는 것과 비슷한 역할을 우리 종에게 한다. 단백질 함량이 낮고 지방과 탄수화물 함량이 높은 풍부한 에너지원이다. 살찌기에 완벽한 식단이다.

하지만 몇 가지 중요한 차이점이 있다. 하나는 오랑우탄은 지방을 저장할 충분한 이유가 있다는 것이다. 과일을 구하기 어려울 때, 저장된 지방은 에너지가 부족한 기나긴 시기를 버티는 데 도움을 준다. 산업화한 식품 환경에 속한 사람은 대개 그런 상황을 겪을 일이 없다. 식량 부족을 겪는 시기가 전혀 없으며, 따라서 몸에 지방을 저장함으로써 얻는 혜택도 전혀 없다. 그래서 우리는 초가공식품을 일 년 내내 먹는다.

또 한 가지 차이점은 오랑우탄이 수백만 년에 걸쳐 자신이 먹는 열매에 적응했다는 것이다. 초가공식품은 우리 종의 역사에서 우리가 지금까지 먹었던 그 어떤 것과도 닮지 않았다. 건강한 미량 영양소와 섬유질이 적고, 사람이 결코 대량으로 먹을 의향이 없던 — 적어도 먹을 의향이 있다고 했을 때 — 수백 가지 화학 물질이 첨가되어 있다. 초가공식품은 자연식품을 대체하고 있으며, 심각한 결과를 빚어내고 있다.

여기서 끝이라면 그나마 나을 텐데, 이 이야기는 한 차례 더 굴곡을 거친다. 탄수화물을 추가해 우리 식단의 단백질, 섬유질, 미량 영양소를 희석하는 수단이 산업 공정만은 아니다. 농경도 시작된 이래로 지난 1만 년 동안 죽 그렇게 해왔다. 작물을 재배한 결과 중 하나가 그것이었기 때문이다.

최근에 더욱 우려되는 원인이 발견되었다. 우리의 산업 활동으로 일어나는 대기 이산화탄소 증가는 농경 및 초가공과 정확히 똑같은 효과를 일으키고 있다. 우리의 주요 작물에서 탄수화물을 증가시키고 단백질, 섬유질, 미량 영양소를 줄인다. 메커니즘은 단순하다. 식물에 이산화탄소는 햇빛의 에너지를 가두어 당과 녹말을 만드는 데 쓰는 원료다. 이산화탄소를 더 많이 흡수할수록 당과 녹말도 더 많이 형성되고, 이 모든 당과 녹말은 단백질, 미량 영양소, 섬유질을 희석한다.

식품 제조사들은 자신들이 우리를 과식하게 만들기 위해 제품을 고안했다고 인정할까? 아니다. 그들은 그저 맛있고 간편하고 값싼 식품을 제공할 뿐이라고 말한다. 적당히 먹으면 건강한 식단의 일부를 이룰 수 있는 식품 말이다. 문제는 그런 식품을 남용해 현재의 곤경을 겪게 한 우리 자신이다.

즉 그들이 하는 말은 그렇다. 그러나 그 말이 틀렸음을 시사하는 사실이 많이 있다.

11장 요약

1. 비만 및 관련 질병들의 유행에 가장 큰 책임이 있는 식품 범주는 초가공식품이다. 고도로 가공된 인공 성분으로 만든 산업 제품을 말한다.
2. 초가공식품은 대개 단백질, 섬유질, 미량 영양소의 함량이 낮고 지방, 건강하지 못한 탄수화물, 감미료의 함량이 높다. 우리의 동물 연구가 과식과 건강 악화를 일으킬 것이라고 시사하는 바로 그런 상황이다.
3. 그렇다면 우리는 우리 몸이 제대로 적응하지 못한 가공된 식단을 왜 그처럼 쉽게 받아들이는 것일까?

12장
독특한 식욕

단백질 식욕은 세계의 비만 유행을 추진하는 강력한 역할을 한다. 그러나 우리 종만이 지닌, 단백질 식욕보다 더 강력한 식욕이 있다. 그리고 모든 식욕 중에서 이 식욕이야말로 우리의 영양 위기에 가장 큰 책임이 있다.

바로 이윤을 먹으려는 식욕이다.

우리 현대 환경에서 식품은 공장, 기업, 유통, 투자, 직업, 생계와 고루 관련된 상품이다. 그러나 식품은 중요한 측면에서 다른 상품들과 다르다.

첫 번째는 우리 모두 식품이 필요하다는 점이다. 우리는 책을 살 수도 있고 안 살 수도 있고, 자가용을 소유하든 대중교통을 이용하든 선택할 수 있으며, 집을 살 수도 있고 빌릴 수도 있다. 이런 물품 대부분과 달리, 먹지 않는 쪽을 택할 수는 없다. 그 점에서 식품 산업은 부러운 위치에 있다. 모두가 필요로 하는 상품을 파니까 말이다.

그렇긴 해도, 식품 생산자는 크나큰 경제적 도전 과제에 직면한다. 시장을 키워야 하는 과제다. 텔레비전, 자동차, 호화로운 요트, 컴퓨터라면 그 과제는 명백하다. 구입할 사람을 더 끌어들이거나, 기존 소비자가 더 구입하도록 하거나, 기존 제품을 더 자주 교체하도록 만드는 것이다. 식품은 그렇지 않다. 모든 사람이 이미 식품을 먹고 있으며, 개인이 먹을 수 있는 음식의 양에는 한계가 있다. 식품업을 유지하고, 계속 수익을 올리고, 계속 성장하고, 주주를 만족하게 하려면 다른 전략들이 필요하다.

한 가지 전략은 파는 상품의 부가가치를 높이는 것이며, 그러면 더 수익을 올릴 수 있다. 저렴한 원료를 가공해 다른 성분들과 섞고, 그 혼합물을 좀 더 가공하고 화려하게 포장해, 들어간 성분들의 가격보다 훨씬 높은 가격에 파는 것이다. 이 점을 마이클 폴란[3]보다 간결하게 표현한 사람은 없을 것이다. 〈몇 페니의 곡물과 당분을 5달러의 아침 시리얼로 변모시킨다.〉

마찬가지로 중요한 점은 이런 수지가 맞는 식품이 다른 기업들이 제공하는 식품들과 경쟁해서 이겨야 한다는 것이다. 시장 점유율(식품업계에서는 위장 점유율이라고도 한다) 상승이라는 이 과정은 우리 식품 환경을 빚어내는 강력한 힘이다. 서로가 상대를 이기기 위해 더욱 대담한 조치를 취하는 군비 경쟁이 벌어진다. 무기류라면 세계가 더욱 위험에 빠지는 결과가 빚어진다. 가공식품이라면 가격, 편의성, 매력 면에서 경쟁해

3 미국의 논픽션 작가로, 『잡식 동물의 딜레마』를 통해 오늘날 식품 산업의 비도덕성을 고발했다.

이겨야 한다. 그러나 최종 결과는 동일할 수 있다.

이미 우리는 시장 점유율을 올리기 위해 쓰는 전략 중 몇 가지를 살펴본 바 있다. 색깔, 질감, 향기, 유통 기한 — 그리고 다른 특성들 — 을 개선하기 위해 화학 물질 칵테일을 첨가하고, 그 혼합물에 저렴한 지방, 탄수화물, 소금을 추가하는 것이다. 지방과 탄수화물 함량을 높이면 맛이 좋아질 뿐 아니라 — 특히 맛을 희석하는 섬유질을 제거하면 더욱더 — 값비싼 단백질을 대체할 수 있어 더욱 저렴하게 생산할 수 있다.

한 가지 전략은 지복점bliss point이라는 맛의 정점에 이른 제품을 내놓는 것이다. 기업 소속 수학자이자 실험 심리학자인 하워드 모스코비츠는 닥터페퍼 청량음료를 무려 59가지나 만든 뒤 미국 전역에서 시음회를 3천 번 진행했다. 그 방법으로 가장 맛있는 제품을 만들 정확한 비법을 찾아낼 수 있었다. 청량음료이니, 핵심 성분은 당이었다. 다른 식품들은 지방, 당, 소금도 섞여 있기에 더 복잡하다. 감자칩처럼 값싸고 녹말과 지방이 많이 들어 있는 제품에 단백질 맛이 나도록 하기 위해 인공 조미료를 넣은 경우도 있다. 이 모든 제품의 공통점은 가격과 맛 경쟁에서 이길 수 있도록 고안된다는 것이다.

위장 점유율을 높이는 한 가지 확실한 방법은 경쟁 업체를 아예 인수하는 것이다. 이런 방법을 써서 식품 회사들은 수가 점점 줄어드는 한편으로 규모를 키워 왔다. 판매되는 가공식품의 상표가 무수히 많다는 점을 생각하면, 좀 의아할 수도 있다. 그러나 실제로는 그만큼 다양하지 않다. 이 제품들은 거의 다

겨우 9곳의 대규모 다국적 기업이 생산한다. 그중 한 곳인 네슬레는 2천 가지가 넘는 상표를 소유하고 있다.

대기업은 더 작은 경쟁 기업보다 매우 유리하다. 고객이 더 많다는 것도 명백한 이점이며, 규모의 경제 덕분에 생산비도 더 낮출 수 있다. 따라서 가공식품은 엄청난 수익이 난다. 2017년 네슬레는 연 매출액이 870억 달러를 넘었다고 발표했다. 그해 128개국의 경제 활동(국내 총생산GDP)을 넘어서는 수준이다! 상품과 서비스의 생산량이 네슬레의 매출액을 넘어서는 나라는 63개국에 불과했다. 같은 해 그 회사는 순이익이 143억 달러라고 발표했다. 71개국의 GDP보다 많았다.

가공식품 대기업 9곳의 수익이 결코 작지 않다는 것은 분명하다. 그런 수준의 이익을 내고 있으니, 그들은 좋든 나쁘든 간에 우리 식품 환경에 영향을 미치고 우리가 먹는 방식을 바꿀 강력한 힘을 지니고 있다.

이 힘이 발휘되는 한 가지 방식은 광고를 통해 우리의 마음, 지갑, 위장에 침투하는 것이다. 2017년 연례 보고서에 따르면, 펩시코는 광고비로 24억 달러를 썼다. 주요 경쟁 업체인 코카콜라는 그보다 더 썼다. 웹 사이트 노티스매틱에 따르면 39억 6천만 달러를 썼다. 시장 정보 제공업체 슈타티스타는 네슬레의 2017년 광고비가 72억 달러였다고 한다. 비교하자면, 2009년 미국의 모든 정부 기관이 영양 연구에 지출한 예산은 총 15억 달러였다. 즉 이 기업 중 어느 한 곳이 우리가 먹는 것에 영향을 미치기 위해 쓴 돈이 그 영향의 결과를 조사하기 위해 정부가 쓴 돈보다 더 많다.

가공식품의 판촉에 쓰이는 효과적이면서 영리한 전략은 많으며, 너무 많아 여기서 다 다룰 수 없을 정도다. 하지만 두 가지만 짧게 살펴보기로 하자. 아이들을 겨냥한 마케팅과 〈건강 후광 효과〉라는 것이다.

식품 회사에 어린이는 금광이나 다름없다. 무엇보다 아동은 수가 많으며, 놀라울 만치 구매력이 높다. 2015년 미국에서 11세 이하 아동은 5천만 명이었고, 무려 1조 2천억 달러를 쓴 것으로 추정되었다. 어느 정도는 직접 지출하지만, 부모의 구매 결정에 영향을 미치는 능력을 발휘해 간접적으로 지출하기도 한다. 그것은 시작에 불과하다. 가장 큰 이점은 아동의 음식 선택 양상이 평생 이어지는 경향이 있으며, 심지어 자식에게까지 전달될 수도 있다는 것이다. 오늘 아동의 음식 선택이 내일의 국민 식단을 형성하며, 모든 식품 회사는 그 식단 중 큰 부분을 차지하고 싶어 한다.

이는 식품 회사가 왜 그렇게 엄청난 돈을 아이들에게 마케팅하는 데 쓰는지 설명해 준다. 마케팅 경로 중 하나는 텔레비전이다. 2004년 미국 심리학회 보고서는 TV 광고가 그토록 효과 좋은 이유를 얼마간 설명해 준다. 〈어린이는 광고와 프로그램 내용을 구별하는 능력이 없다. 설탕, 소금, 지방이 들어 있는 이 상표, 또는 저 상표의 제품을 먹는 것이 재미있게 본 환상 세계와 결합된다. 아이들의 환상 세계에 제품을 끼워 넣을 때 최고의 결과를 얻을 수 있다.〉

텔레비전 시청 시간이 줄어들고 게임 같은 컴퓨터 이용 시간이 늘어남에 따라, 상업 광고와 오락 내용의 경계는 더욱 노골적으로 무시되어 왔다. 현재 정크 푸드 마케팅 담당자들은 제품을 게임과 노골적으로 뒤섞고 있다. 그 결과, 식품은 환상 세계와 연관을 맺는 차원을 넘어 그 세계의 일부가 되고 있다. 그 제품 자체는 오락 경험의 일부가 되고, 식품을 중심으로 환상이 형성된다. 아이가 제품의 세계와 직접 상호 작용하도록 이끌 수 있으므로, 가장 교활한 방식이다. 그 상표와 지속적으로 긍정적인 관계를 맺도록, 더 나아가 말 그대로 친구 관계를 맺도록 할 수 있기 때문이다. 이런 이른바 〈광고 게임〉은 마케팅 담당자의 꿈이다. 한 마케팅 전문가의 말마따나, 기업은 자사 상표를 〈사람들이 스트레스를 풀고 즐기기 위해 하는 일〉과 연계시킬 수 있어 〈상표를 접할 때 긍정적인 연상을 떠올리게〉 만들 수 있다. 그 방법이 더 전통적인 접근법보다 매출, 그리고 식단에 더 큰 영향을 미친다고 해도 놀랄 이유가 없다.

비록 특정한 광고 게임이 정확히 얼마나 성공을 거두는지 직접 측정하기는 어렵지만, 버거 체인점 헝그리 잭이 오스트레일리아에서 광고 게임을 출시한 지 2주가 지나기 전에, 그 광고를 제작한 회사의 대변인은 이렇게 말했다. 「다운로드 횟수가 1백만 건을 넘었으며, 이는 수익 수백만 달러 증가에 맞먹는 가치가 있는 엄청난 성공입니다.」 버거, 튀김, 셰이크를 그만큼 많이 팔게 되었다는 뜻이다.

아이들은 이런 전술에 특히 민감하다. 우리가 유혹에 충동적으로 반응할지 여부를 제어하는 뇌 영역은 성년기 초기에야 온전히 발달하기 때문이다. 물론 어른도 충동적 반응을 보이곤 하지만, 그들은 음식 선택이 장기적으로 건강에 미칠 결과를 더 생각하는 경향이 있다. 잠깐씩일 뿐이라고 해도 말이다. 식품 마케팅 담당자는 이 사실을 잘 알고 있기에, 그에 따라 전략을 고안해 왔다.

가장 냉소적인 반응을 일으키는 것 중 하나는 〈건강 후광〉 효과다. 비만과 영양 관련 질환이 증가함에 따라, 많은 이가 자신의 식단 선택을 점점 의식하게 되었다. 식품업계 — 그 문제를 일으킨 바로 그 기업들 — 는 현재 가공식품과 건강을 연관 짓는 이미지, 용어 주장을 써서 이 효과를 이용하고 있다. 그 결과, 자기 자신과 자녀에게 올바른 음식을 먹이고자 애쓰는 선의의 소비자들이 유혹에 넘어가 그런 식품을 더 많이 먹게 된다. 해로운 가공식품을 말이다.

마케팅 담당자들은 어떻게 그렇게 할까? 식품 포장지 색깔처럼 무관해 보이는 것도 나름의 역할을 할 수 있다. 한 연구에 따르면 동일한 막대 사탕에다 열량 표기만 빨간색이나 초록색으로 했을 때, 사람들은 초록색으로 표기한 쪽이 더 건강하다고 판단했다. 그러니 사탕 회사인 마스가 포장지에 건강을 위해 표기하는 1일 권장 섭취량 항목 중에서 열량을 초록색으로 적은 것은 결코 우연이 아니다. 그 회사는 〈소비자의 뚜렷한 선호〉를 감안해 초록색을 택했다고 했다. 코넬 대학교 커뮤니케이션 연구자 조녀선 슐츠는 이 선호가 초록 라벨이 소비자에게 사탕이 본래보다 더 건강하다는 인식을 심어 줄 가능성이 있다는 사실을 반영하는 것일 수 있다고 추측했다.

때로 식품 포장지에는 건강과 관련 있다고 추측하게 만드는 단어나 이미지가 찍혀 있곤 한다. 오스트레일리아의 한 연구진은 가당 음료 945가지의 라벨에 건강을 연상시키는 이미지가 있는지 분석했다. 설탕 함량이 높고 영양가가 낮음에도, 음료 중 87퍼센트는 건강하다고 시사하는 단어나 이미지가 찍혀 있었다. 대부분은 과일 이미지나 단어, 또는 우리가 올바른 식품과 연관 짓곤 하는 〈자연적인, 순수한, 가공되지 않은, 신선한, 진짜〉와 같은 단어가 찍혀 있었다. 영양(〈콜레스테롤 0〉, 〈무가당〉, 〈자양 강장〉)이나 건강(〈활력〉, 〈건강〉)을 노골적으로 언급한 것도 있었다. 많은 연구는 이런 연상이 식품 소비량을 증가시킬 수 있다는 것을 보여 주었다. 예를 들어, 한 연구에서는 사람들이 똑같은 사탕 제품임에도 〈사탕 맛〉보다 〈과일 맛〉이라고 적힌 것을 더 고른다는 것을 보여 주었다. 또 다른 연구에서는 아침 시리얼에 그냥 〈당〉이라고 적힌 것보다 〈과일 당〉이라고 적힌 쪽을 더 건강하다고 여긴다는 것이 드러났다.

가공식품 마케팅 분야에는 이런 단어 게임이 난무한다. 몇몇 쌀 제품은 포장지에 〈무콜레스테롤〉이라고 자랑스럽게 적어 놓았다. 그러나 물론 모든 쌀에는 콜레스테롤이 들어 있지 않다. 당이 가득하고 인공 물질로 채워져 있다는 사실에서 시선을 딴 데로 돌리기 위해, 〈99퍼센트 무지방〉이라고 적혀 있는 사탕도 있다. 그리고 〈가볍다(light 또는 lite)〉라는 단어는 색깔, 맛, 질감, 지방 함량 등 거의 모든 것을 가리킬 수 있다. 또 잡곡빵은 그냥 정제한 흰 밀가루에 씨앗이나 곡물을 조금 섞어서 만든 빵이나 별다를 바 없을 때가 많다. 즉 더 건강한 것이라고 말할 수 없다. 이 목록은 아주 길게 이어진다. 소비자가 볼 때, 가공식품에 관해 적힌 내용 중 확실한 것은 하나뿐인 듯하다. 그런 내용이 올바른 정보를 제공하기 위해서가 아니라 잘못된 정보를 제공하고 소비자의 생각을 조작하기 위해 고안되었다는 것이다.

정부의 정책과 법규가 건강한 식단을 선택하는 데 도움을 줄 수 있지 않을까? 이론상으로는 그렇다. 대다수 나라는 오도하는 광고를 규제하는 법규를 제정하고, 최상의 정보를 제공하고 국가 식단 지침을 정립하기 위해 과학자들로 위원회도 구성하고 있다. 그러나 실질적으로는 그런 방안들도 식품업계의 엄청난 힘에서 자유롭지 못하다.

좋은 사례가 하나 있다. 바로 담배 산업이다. 1954년 흡연이 폐암을 일으킨다는 증거가 나오기 시작하자, 담배업계는 공동으로 258개 도시의 488개 신문에 〈미국 흡연자들에게 보내는 솔직한 선언〉이라는 제목으로 광고를 냈다. 흡연자 대중을 안심시키고자 작성한 내용이었다. 「비록 전문가인 의사들이 수행하긴 했지만, 이런 실험은 결정적인 것이라고 여겨지지 않습니다. (……) 최근에 이루어진 의학 연구들은 폐암의 가능한 원인이 많이 있을 것이라고 암시합니다. (……) 흡연이 그 원인 중 하나라는 증거는 전혀 없습니다. (……) 우리는 우리가 만드는 제품이 건강에 해롭지 않다고 믿습니다.」 그러면서 〈우리 업계는 다른 모든 것보다〉 건강을 〈최우선으로 고려〉하며, 건강을 지킬 많은 수단을 마련해 놓고 있다고 맹세하면서 대중을 안심시켰다.

사실 후속 연구들은 그 〈솔직한 선언〉이 홍보 회사가 과학적 증거를 의심하게 만들고 흡연이 위험하다는 대중의 인식을 조작하기 위해 고안한 것임을 보여 주었다. 연구자 켈리 브라우넬과 케네스 워너는 이렇게 말했다. 「속임수입니다. 재앙과도 같은 흡연의 효과를 오도하기 위해 그 뒤로 반세기 동안 줄기차게 이어질 조직적 운동의 첫걸음이었죠.」 그 뒤로 수십 년 동안 연구 결과를 깎아내리고, 정책에 손대고, 제품이 안전하다고 대중에게 거짓 확신을 심기 위한 기만과 책략이 이어졌다. 세심하게 계획된 전략이었다. 전 FDA 국장 데이비드 케슬러는 이렇게 말했다.

1950~1960년대 담배업계가 고안한 전략은 변호사들이 쓴 대본으로 구현되었다. 모든 담배 회사 경영자는 대중 앞에서는 그 대본을 앞으로 읽거나 뒤로 읽는 것만 하라는 조언을 받았다. 딴 이야기는 절대 하지 말라고 했다. 기본 전제는 단순했다. 흡연이 암을 일으킨다고 증명되지 않았다는 것이다. 증명되지 않았다, 증명되지 않았다, 증명되지 않았다. 이 말을 고집스럽게 되뇌기만 하라는 것이다. 의심의 씨앗을 뿌리고, 논쟁을 일으키고, 준비한 계획에서 결코 벗어나지

마라. 단순한 계획이었고, 아주 잘 먹혔다.

담배업계만 증거에 도전하고 의심을 부추기는 것은 아니다. 2012년 미국 음료 협회는 이렇게 주장했다. 「가당 음료는 비만을 일으키지 않는다」(『로스앤젤레스 타임스』, 2012년 9월 21일 자). 같은 해 코카콜라 고위 임원인 케이티 베인은 어이없는 주장을 했다. 「가당 음료와 비만을 연관 짓는 과학적 증거는 전혀 없다」(『USA 투데이』, 2012년 6월 8일 자). 역사가 나오미 오레스케스와 에릭 M. 콘웨이는 『의혹을 팝니다』라는 책에서 과학에 불신을 뿌리는 행위 자체가 하나의 독자적 산업이 되었음을 보여 준다. 우리는 지구 온난화, 살충제 위해성 등 현재 인간이 일으킨 피해들의 과학적 증거에 대해서도 동일한 유형의 운동이 벌어지고 있는 것을 본다. 과학적 결론에 의구심을 제기하는 차원을 넘어 적극적으로 증거를 조작하는 사례도 많다.

이런 행위는 새로운 것이 아니다. 업계 자료를 보면, 1954년 담배 산업 연구 위원회는 설탕 연구 재단의 연구부장 로버트 호켓에게서 편지를 받았다. 편지는 그들이 혹할 만한 교묘한 전략을 자신이 고안했다고 담배 제조사들에 알리는 내용이었다. 그는 자신이 계획을 짜서 의대, 병원, 대학교에서 이루어진 연구들이 〈설탕에 가해진 모든 혐의 대부분을 벗겨 냈다〉고 썼다. 그 뒤 호켓은 담배 산업 단체의 과학부 부장이 되었다.

식품업계와 음료업계의 직접 지원을 받아 나오는 과학 논문은 독립적인 연구보다 그 연구를 지원한 회사의 경제적 이익을 대변하는 결론을 내릴 확률이 4~8배 더 높다. 우리는 찰스 퍼킨스 센터의 리사 베로 연구진과 함께 업계가 영양 연구에 어떤 영향을 미치는지 조사하고 있다. 어떤 질문을 하고, 연구를 어떻게 설계하고, 어떻게 수행하고, 결과를 전부 발표할지 일부만 발표할지 여부 등 연구 과정에서 결과를 편향시킬 수 있는 단계들이 몇 군데 있기 때문에, 복잡한 문제다.

기업은 자신의 제품이 건강에 안 좋다는 과학적 증거에 의구심을 제기함으로써 어떻게 혜택을 얻을까? 한 가지 명백한 혜택은 소비자의 선호가 다른 쪽으로 옮겨 가는 것을 저지한다는 것이다. 폐암, 당뇨병, 심장 질환으로 죽고 싶은 사람은 아무도 없으니까.

마찬가지로 중요한 점은 기업의 상업적 이익을 줄일 수 있는 효과적인 공중 보건 정책과 사업을 회피하고 방해하는 일에 도움을 준다는 것이다. 그렇게 하는 한 가지 방법은 정치적 로비다. 업계는 정책 결정자에게 접근해 식품 관련 정책을 자신에게 유리한 쪽으로 돌리고자, 대개 정부 기관에서 일한 경험이 있는 로비스트를 고용한다. 로비스트들이 성공하려면, 마음에 안 드는 과학적 결론에 의심을 제기하거나 더 마음에 드는 결론을 꾸며 내야 한다. 2015년 가공식품 제조사들은 로비스트에게 무려 3천2백만 달러를 썼다고 발표했는데, 쓴 만큼 효과가 있었다. 돈을 쏟아붓는 이런 유형의 정부 로비 활동은 업계를 위한 마법을 부려 왔다.

한 가지 사례는 피자를 채소로 바꾼 것이다. 1981년, 학교 점심 식사 예산을 깎으면서 식단 지침을 충족시킬 방법을 찾으려 애쓰던 레이건 정부는 다진 절임 양념과 케첩 같은 양념을 권장 채소 항목에 포함시켜야 한다고 고집했다. 2011년 오바마 정부 때 농무부는 이를 뒤집으려고 시도했다.

위기를 감지한 정크 푸드업계는 즉시 로비 운동에 560만 달러를 쏟아부어 대처했다. 학교 점심 식사에 프렌치프라이와 피자를 공급하는 계약을 맺은 두 회사가 가장 많은 돈을 냈다. 로비는 먹혔다. 의회는 농무부가 피자의 토마토 페이스트와 튀긴 감자가 1일 영양 섭취량에 기여하는 정도에 관여하는 정책을 실시하지 못하게 막는 법안을 통과시켰다. 언론은 의회가 피자를 채소로 분류했다고 씹어 댔다.

〈균형 잡힌 식단〉이 사람의 건강과 식품업계의 상업적 이익 사이에서 균형을 이룬 식단을 의미하게 된 것도 마찬가지로 마법이나 다름없다고 말하는 이들이 있다.

미국 농무부와 보건 복지부는 5년마다 식단과 건강의 관계를 연구한 과학적 증거들을 검토한다. 두 기관은 이 증거를 토대로 미국인들에게 균형 잡힌 건강한 식사를 하는 법을 조언하는 1일 권장 섭취량 지침을 발표한다. 물론 여기에는 어떤 식품을 더 먹고 덜 먹으라는 조언도 담겨 있다. 언뜻 들으면 간단한 일 같지만, 결코 그렇지 않다는 것이 드러났다.

말할 필요도 없이 과학은 몇 가지 덜 해결된 과제도 제시하지만, 대체로 이 기관들은 미국인들이 더 많이 먹어야 하고 덜 먹어야 하는 음식을 파악하는 일을 꽤 잘한다. 놀라운 일도 아니지만, 〈더 먹을 것〉에는 과일, 채소, 콩, 견과, 통곡물 같은 최소한으로 가공된 식물성 자연식품과 식물성 기름과 생선 등 건강한 지방 공급원이 포함된다. 이 측면에서는 지침이 아주 명확하다. 예를 들어, 가장 최근의 지침들(2015~2020년)이 식단에서 더 늘려야 하는 식품 여섯 가지를 콕 찍은 〈핵심 권장 식품〉도 이 식품군들이다.

문제는 비만 및 관련 질환들이 단순히 무언가를 더 많이 먹는다고 해서 예방할 수 있는 것이 아니라는 점이다. 우리는 어느 음식을 덜 먹을지도 알아야 하기 때문이다. 그러나 무엇을 덜 먹는 것이 좋다는 지침은 유난히 모호하다. 예를 들어, 2015~2020년 지침의 핵심 권장 식품 중에서 〈덜 먹기〉 절에 속한 식품은 단 하나도 없다. 그 절에 적힌 조언은 모두 특정한 영양소만을 말하고 있다. 가당, 포화지방, 나트륨, 알코올이다. 이 조언이 나쁜 것은 아니다. 미국인이 이런 영양소의 섭취량을 줄인다면, 상당한 건강 혜택이 있을 것이다. 그러나 그다지 유용한 조언은 아니다. 건강한 식단을 구성하려면 식단에서 어떤 음식을 줄여야 할지 말하지 않기 때문이다. 그리고 이 방면에서 과학 자체가 불분명해서가 아니다. 미국인의 식단에서 줄여야 하는 식품 중에는 고도로 가공된 산업 제품과 적색육, 특히 가공된 적색육이 있다.

더 먹으라는 쪽으로 편향된 이 식단 조언은 2015~2020년 판본에만 국한된 것이 아니다. 미국인 식단 지침이 1980년에 처음 나왔을 때부터 일관적으로 유지된 특징이다. 우리는 그 이유가 과학에 토대를 둔 것이 아니라고 믿는다. 즉 정치적인 것이다. 미국 농무부는 명칭에 나와 있듯이, 공중 보건이 주된 업무가 아니다. 미국의 농업을 관장하는 것이 주된 일이다. 농촌의 발전을 도모하고, 특정한 농산물의 판매를 촉진하기 위한 〈농산물 자조금 사업〉을 감독하며, 대규모 단작의 수익성을 확보하는 데 도움을 주는 보조금을 집행하는 일 등이다. 옥수수는 그런 단작 작물에 속한다. 대규모 축산 농장의 사료와 초가공식품 산업의 원료가 된다. 한 기자는 농산업을 책임지는 기관이 미국인들에게 무엇을 먹어야 한다는 말까지 하고 있다면, 여우에게 닭장을 지키라고 맡기는 꼴이라고 간파했다.

여기서, 지침에서 무엇을 더 먹으라는 항목에는 구체적인 식품이 언급되어 있는 반면, 무엇을 덜 먹으라는 항목에는 어떤 식품도 언급되지 않은 이유가 뻔히 드러난다. 〈더 먹기〉는 농식품 복합체의 상업적 이익에 부합되는 반면, 덜 먹기는 그렇지 않기 때문이다. 게다가 농무부가 그 점을 깜빡할 때면 농식품 복합체는 즉시 상기시킬 것이다. 식단 피라미드를 둘러싸고 벌어진 소동이 대표적이다.

1980년대 농무부에서 그 업무를 맡은 부서는 영양소 연구 결과를 그래픽으로 표시해 제시하면, 사람들이 어떤 식품을 얼마나 먹어야 할지 더 피부에 와닿을 것이라고 판단했다. 그들은 피라미드로 나타내기로 했다. 소비자를 대상으로 조사했더니, 균형 잡힌 식단에 가장 기여하는 식품군을 피라미드의 넓은 바닥에 배치하고 가장 덜 기여하는 식품군을 꼭대기에 배치

하는 형태가 가장 명확하게 와닿는다고 나왔기 때문이다. 그리고 식품군마다 하루 권장 섭취량을 숫자로 표기했다.

영양학자들에게 폭넓게 자문을 구하고, 관련 학술 대회에서 발표도 하고, 농무부에서 철저하게 내부 검토도 거치는 등 몇 년에 걸쳐 사업을 진행한 끝에, 1991년 2월 피라미드와 관련 보고서가 인쇄에 들어갔다. 3월에 공개될 예정이었다. 당국은 발표되자마자 그 피라미드가 언론에서 널리 다루어질 거라 확신했고, 30개 출판사에 교과서에 실어 달라고 협조 공문도 보냈다.

그러나 매리언 네슬이 『식품 정치』에서 설명했듯이, 그 발표는 결코 이루어지지 않았다. 3월에 예정되어 있던 발표는 흐지부지되었고, 4월에 농무부는 피라미드가 철회되었다고 발표했다. 저소득층 성인과 아동을 대상으로 더 검증이 필요하다는 것이었다. 그러나 심층 취재 결과는 그렇지 않다는 것을 시사했다. 육류업계와 낙농업계가 피라미드에서 자신들의 식품이 속한 칸이 너무 좁고, 달갑지 않은 〈지방, 기름, 감미료〉 바로 밑에 놓여 있는 것이 마음에 안 든다며 항의한 것이 원인이었다. 그들 업계는 피라미드 대신 그릇 모양의 그림을 원했다. 그래야 식품군들이 더 균등하게 대변된다는 주장이었다.

85만 5천 달러의 연구비를 추가로 쓰고 1년 뒤 마침내 피라미드가 발표되었다. 그런데 원본이 저소득 성인 및 아동과 아무런 관계도 없는 방식으로 수정되어 있었다. 육류와 유제품의 하루 권장 섭취량이 2~3에서, 〈적어도 2~3〉으로 바뀌었을 뿐 아니라 굵은 활자로 찍혀 있었다.

이 사례가 보여 주는 바와 같이, 식품업계는 우리 식품 환경의 특성과 그 환경에서 어떻게 하면 건강을 유지할 수 있는지 알려 주는 조언의 성격까지 바꿀 수 있는 힘을 발휘한다.

가공식품업계와 담배업계의 일부 종사자들이 시장 점유율을 높이기 위해 가차 없이 펼치는 전략이 하나 더 있다. 바로 희생자를 비난하는 것이다. 자사 제품이 소비자에게 끼친 피해 책임을 전가하는 것이다.

1996년 간접 흡연도 암을 일으킬 수 있다는 사실이 드러난 뒤, 한 여성이 담배 식품 회사 RJR 나비스코의 회장인 찰스 하퍼에게 그의 자녀와 손주 옆에서 사람들이 담배를 피우기를 바라는지 공개 질문을 했다. 하퍼는 이렇게 대답했다. 「나는 누군가의 흡연 권리를 간섭하고 싶지 않지만, 피우지 말라고 할 겁니다.」 그리고 이렇게 덧붙였다. 「아이는 담배 연기가 나는 방에 있고 싶지 않다면…… 나가겠지요.」 여성이 갓난아이는 방을 나갈 수 없다고 지적하자, 하퍼는 이렇게 대꾸했다. 「시간이 좀 흐르면 아기는 기는 법을 배울 겁니다. 그렇지요? 그런 뒤에는 걷기 시작할 거고요.」 나중에 하퍼는 그렇게 어처구니없는 뻔한 말을 한 것은 그 현안에서 부모가 중요한 역할을 한다는 점을 강조하고 싶어서라고 말했다.

비슷한 맥락에서 2002년 당시 미국의 전국 외식업 협회 회장인 스티븐 앤더슨은 비만 유행에 식당이 어떤 역할을 하는지 질문을 받자 이렇게 답했다. 「우리가 전기를 쓴다고 해서 전기의자에 앉아 자살해야 한다는 뜻은 아닙니다.」

물론 앤더슨의 말은 옳다. 그러나 우리는 연간 전 세계에서 식품 관련 질환으로 사망하는 1천1백만 명 중 그 누구도 일부러 죽기 위해 먹은 것이 아니라는 점을 명심해야 한다. 또 한 가지 지적해 두자. 전기는 법률과 규정을 통해 엄격하게 규제되고 있어 안전하게 이용할 수 있다는 것이다. 그리고 그런 규정은 전기 장비 제조사가 아니라, 대중을 염두에 둔 독립적인 전문가들이 정한다.

이제 우리가 부탄의 산맥과 열대 낙원인 리푸섬의 슈퍼마켓 선반까지 침투한 초가공식품을 그토록 우려하는 이유가 더 명확해졌을 것이다. 가공식품 제조사들은 물리지 않는 식욕을 드러내면서 시장 점유율을 높일 엄청난 힘을 지닌다. 그들이 남이 부러워할 만큼 효과적으로 그 일을 해왔기에, 현재 미국 식단의 평균 57퍼센트는 초가공식품이 차지하고 있다. 그중 절반은 그보다 더 먹고 있고, 5분의 1은 무려 81퍼센트까지 먹고 있다. 이런 섭취가 어느 방향으로 나아가고 있는지는 뻔히 보인다. 더 많은 질병, 더 많은 비참함, 더 많은 수익이다.

개인 차원에서 우리는 어떻게 해야 대처할 수 있을까? 지금까지 우리는 모든 도구 중 가장 강력한 편에 드는 것을 독자에게 갖추어 주고자 애써 왔다. 바로 인식이다. 초가공식품이 왜 그렇게 우리를 혹하게 만들고, 그 모든 매혹적인 모습의 밑바탕에 무엇이 있으며, 그것이 우리의 건강에 어떤 일을 하는지 일단 인식하고 나면, 독자는 식단을 놓고 나름의 결정을 내릴 때 훨씬 더 나은 입장에 설 것이다. 마지막 장에서는 거기에서 한 단계 더 나아가 어떻게 하면 현재의 — 위험한 — 식품 환경을 안전하게 헤쳐 나갈 수 있을지 실질적인 조언을 할 것이다.

하지만 먼저 생물학으로 돌아가서 우리 수수께끼의 마지막 단서를 찾을 필요가 있다. 바로 악순환 말이다.

12장 요약

1. 거대 다국적 식품 회사는 높은 수익을 안겨 주는 초가공식품을 대량으로 팔고 섭취하게 하는 영리한 전략들을 고안해 왔다. 공중 보건 측면에서 어떤 결과가 빚어지든 간에 개의치 않으면서 말이다.

2. 아동을 겨냥하는 것까지 포함한 공격적인 마케팅, 건강에 혜택이 있다고 시사하거나 건강 위험을 숨김으로써 소비자를 오도시키는 식품 표기 같은 것들이 그렇다.

3. 또 그들은 제품의 위험에 관한 과학적 증거를 왜곡하고 식단 지침 같은 공중 보건 조언과 정부 정책에 영향을 미치는 등 담배업계가 개발한 전략들도 일부 채택해 왔다.

4. 어떻게 하면 이런 강력한 영향에 저항할 수 있을까?

13장

단백질 목표 섭취량 이동과
비만의 악순환

앞에서 초가공식품과 음료의 범람이 어떻게 현대 식품 환경에서 단백질의 전반적 함량 감소를 초래해 왔는지 살펴보았다. 섬유질은 제거되고 단백질은 열량이 풍부하면서 더 저렴한 지방과 탄수화물로 대체되어 왔다. 그 결과, 우리는 강력한 단백질 식욕 때문에 필요한 양보다 더 많은 열량을 섭취하는 상황에 갇혔다. 우리 조상들의 먹이 환경에서 최적의 영양을 섭취하는 데 도움을 주기 위해 진화한 우리의 단백질 식욕은 현대 식품 환경에서 잘못된 길로 빠지기 쉬운 취약한 양상을 드러내 왔다. 이 상황도 충분히 나쁘다. 그런데 이 안타까운 상황을 더욱 악화시키는 일이 또 벌어졌다.

전 세계의 비만 유행을 이야기할 때 그다지 언급되지 않은 것이 하나 있었다. 비만 유행이 단순히 우리가 속아 넘어가서 초가공식품과 음료를 통해 열량을 더 많이 섭취한 결과라면, 체중이 증가했다가 일정한 수준으로 유지되어야 한다. 몸집이 커지면 그만큼 연료가 더 필요하므로 — 체중 1킬로그램당 약 24칼로리—체중이 늘수록 우리가 태우는 열량도 늘어나기 때문이다.

그러나 체중 증가와 비만 추세는 더 느려지지도 안정 상태에 이르지도 않았다. 지난 50년 동안 우리는 몸집이 어느 수준에 이르렀든 간에 그 몸집에 필요한 양보다 더욱 많이 먹음으로써, 체중 증가를 더욱 가속화했다. 어느 체중에서든 필요한 양보다 더 많은 열량을 섭취하도록 우리를 부추기는 무언가가 있다. 허리둘레가 늘어나고 체질량 지수BMI가 증가하는 와중에도 말이다. 이 무언가가 바로 단백질이라는 증거가 있다. 몸집이 커질 때, 더 많이 필요해지는 것이 열량만은 아니다. 단백질도 더 많이 필요하다. 이유를 설명하려면, 단백질 회전율이라는 것의 과학을 깊이 살펴볼 필요가 있다.

이 책에서 내내 살펴보았듯이, 모든 생물은 필요한 단백질 목표 섭취량이 있다. 이 요구량은 두 가지 요소에 따라 정해진다. 첫 번째는 근육 성장, 조직 유지, 기타 신체 기능에 필요한 아미노산의 양이다. 두 번째는 몸에서 단백질이 분해되어 사라지는 속도다. 마치 새고 있는 욕조에 물을 채우려고 애쓰는 것과 비슷하다. 빠져나가는 단백질이 더 많을수록, 단백질을 더 많이 먹어야만 욕조를 목표 수준까지 채울 수 있다.

단백질이 사라지는 주요 경로는 두 가지다. 하나는 몸이 근육 조직을 분해하기 시작하면서 아미노산이 혈액으로 방출될 때다. 다른 하나는 간이 근육 분해로부터 나온 아미노산 중 일부뿐 아니라 창자에서 음식물이 소화될 때 혈액으로 흡수되는 아미노산을 써서 새로운 단백질을 합성하는 대신 에너지를 얻기 위해 포도당을 생산하기 시작할 때다.

양쪽을 조합하면 왠지 끔찍한 일이 벌어지는 것처럼 들리며, 실제로 그렇다. 대개는 기아 상태에서만 그런 일이 일어난다. 몸의 주된 연료 저장소인 지방 조직과 달리, 우리는 근육 등 지방이 없는 조직에만 단백질을 저장한다. 이런 단백질을 연료로 쓰는 것은 마지막 수단이다. 집의 온기를 유지하기 위해 가구를 태우는 것과 비슷하다. 장작을 다 써버렸는데 얼어 죽을 상황에서 할 수 있는 일은 그것뿐이다.

짐작할지 모르겠지만, 몸에는 꼭 태워야 할 상황이 아니라면 가구를 남겨 두는 메커니즘이 갖추어져 있다. 인슐린 호르몬은 가구를 태울 필요가 전혀 없다고 알리는 신호 전달 분자다. 인슐린은 근육의 단백질 분해를 막고 간이 아미노산으로 포도당을 만드는 것도 막는다. 인슐린은 식사를 한 뒤 증가하는 혈당에 반응해 췌장에서 혈액으로 분비되므로, 이는 탁월한 메커니즘이다. 인슐린이 분비되면, 몸은 식사를 했으며 태울 포도당을 지니고 있다는 것을 알게 된다. 그러니 단백질과 아미노산을 분해할 필요가 전혀 없다.

그러나 영리한 메커니즘도 몹시 잘못된 길로 빠질 수 있다. 만성적으로 열량을 과다 섭취하면서 체중이 불어날 때는 신체 조직이 인슐린에 반응하는 정도가 점점 둔감해진다. 즉 인슐린에 내성을 띠게 된다. 인슐린 신호를 무시하기 시작한다. 그러면 췌장이 인슐린을 더 많이 분비해야만 예전 수준의 효과를 얻게 된다. 이것이 제2형 당뇨병으로 나아가는 과정의 출발점이다. 그러나 그런 일이 벌어지기 전에, 이미 우리는 갖가지 문제에 시달린다.

인슐린에 점점 덜 반응함에 따라 근육은 단백질을 분해해 아미노산을 방출하고, 간도 아미노산을 포도당으로 전환하는 일을 더 자주 하게 된다. 이는 분해되는 근육을 재건하려면 단백질을 더 많이 먹어야 한다는 의미다. 욕조 비유로 돌아가자면, 배수구로 더 많이 새어 나가기 때문이다.

오늘날 우리는 이 결과를 볼 수 있다. 몸집이 커지고 인슐린 내성이 점점 퍼짐에 따라 인류 집단의 단백질 목표 섭취량도 거의 알아차리지 못하는 사이 조금씩 증가해 왔다. 그 결과, 단백질 식욕이 증가해 열량 섭취량을 점점 늘리면서 BMI도 점점 증가해 왔다.

다음 표에는 가상으로 상정한 단계적 단백질 목표 섭취량 값이 나와 있다. 하루에 55그램에서 100그램까지이며, 양쪽의 차이인 45그램은 180칼로리에 해당한다. 단백질 섭취량을 이만큼 늘리려면, 식단에서 단백질 함량이 15퍼센트라고 할 때 1,200칼로리를 추가로 더 섭취해야 할 것이다! 단백질 목표 섭취량이 조금만 변해도 섭취하는 열량이 크게 늘어난다. 단백질 함량이 낮은 식단이라면 이 효과가 더 큰 규모로 일어난다. 예를 들어, 단백질 함량이 12퍼센트인 식단에서 단백질 목표 섭취량이 55그램에서 100그램으로 늘어날 때 열량 섭취량은 얼마나 늘어날까? 1,833칼로리에서 3,333칼로리로, 즉 무려 1,500칼로리가 늘어난다.

단백질 목표 섭취량 (그램/일)	식단의 단백질 함량에 따른 필요 열량 섭취량					
	10%	12%	15%	17%	20%	25%
55	2,200	1,833	1,467	1,294	1,100	880
60	2,400	2,000	1,600	1,412	1,200	960
65	2,600	2,167	1,733	1,529	1,300	1,040
70	2,800	2,333	1,867	1,647	1,400	1,120
75	3,000	2,500	2,000	1,765	1,500	1,200
80	3,200	2,667	2,133	1,882	1,600	1,280
85	3,400	2,833	2,267	2,000	1,700	1,360
90	3,600	3,000	2,400	2,118	1,800	1,440
95	3,800	3,167	2,533	2,235	1,900	1,520
100	4,000	3,333	2,667	2,353	2,000	1,600

　이제 우리는 단백질 목표 섭취량 증가와 현대 식단에서 단백질 함량 저하의 조합이 왜 세계의 허리둘레에 재앙을 일으켜 왔는지 알 수 있다.

　우리의 단백질 욕구는 오로지 인슐린 내성 때문에만 달라지는 것이 아니다. 태어날 때부터 늙을 때까지 변하며, 생활 습관을 비롯한 몇몇 요인에 따라서도 변한다. 사람의 단백질 목표 섭취량 변화를 측정하고 그것이 건강에 얼마나 중요한지 평가할 수 있을까? 우리는 소아과 의사, 영양학자와 공동 연구를 통해 바로 그 일을 해냈다.

2010년 9월 스티븐이 오스트레일리아 퍼스에서 열린 소아 내분비학회의 학술 대회에서 강연을 마치자마자 청중 두 명이 공동 연구를 할 수 있는지 알고 싶다고 찾아왔다. 시드니 북쪽에 있는 뉴캐슬 대학교의 로저 스미스 교수는 우리의 변형균류 연구에 흥미를 느꼈고, 그 연구 결과가 임신 때 태반이 어떻게 발달하는지 살펴보는 자신의 연구에 도움을 줄 수 있을지 알고 싶어 했다. 또 그는 영양 기하학이 임신부와 신생아 연구 결과를 이해하는 데 도움을 줄 수도 있지 않을까 생각했다. 우리는 그 연구를 할 생각에 흥분되었다. 변형균류와 사람의 태반 비교는 쉽게 시작할 수 있었다.

또 한 명은 멜버른에서 온 소아과 의사 맷 세이빈이었다. 그도 마찬가지로 흥분을 일으키는 제안을 했다. 아동과 청소년에게서 모은 식단 데이터가 있는데, 그 자료를 분석해 그들에게서 단백질 지렛대가 비만을 설명할 수 있는지 함께 알아보자는 것이었다.

로저를 통해서 우리는 박사 과정 학생인 미셸 블룸필드와 그녀의 지도 교수인 뉴캐슬 대학교의 영양학자 클레어 콜린스도 소개받았다. 그들은 자신들이 〈여성과 자녀의 건강〉이라는 연구 과제를 진행하고 있다고 말했다. 임신한 여성 179명이 참가했다. 연구진은 엄마의 식단과 건강을 꾸준히 기록했고, 이어서 신생아의 체성분을 분석했다. 그리고 아이가 만 4세가 될 때까지 건강 상태를 계속 추적했다.

우리는 두 가지 질문을 하는 것으로 시작했다. 엄마에게서 단백질 지렛대의 증거를 볼 수 있을까? 그리고 엄마의 식단은 아기의 체성분에 어떤 효과를 미쳤을까?

엄마의 총에너지 섭취량(그리고 BMI)은 식단의 단백질 함량이 낮아질 때 증가했다. 단백질 지렛대 가설이 예측한 그대로였다. 이 양상은 식단의 단백질 함량이 16퍼센트 미만이고 지방 함량이 40퍼센트를 초과할 때 특히 두드러졌다.

아기의 체성분과 엄마의 식단 사이 관계를 살펴보자, 두 가지 패턴이 나타났다. 첫째, 단백질 함량이 16퍼센트 미만인 식사를 한 엄마에게서 태어난 아기는 단백질 함량이 더 높은 식사를 한 엄마에게서 태어난 아기보다 복부 지방이 훨씬 더 많았다. 둘째, 오동통한 아기의 체지방률(허벅지 둘레로 측정한)은 엄마의 식단에서 단백질 함량이 18~20퍼센트라는 좁은 범위에 들어갈 때 가장 높았다. 20퍼센트를 넘어서면 아기는 태어날 때 더 홀쭉했다. 이것이 반드시 좋은 일이라고는 할 수 없었다. 18퍼센트 미만일 때 아기는 오동통한 지방보다 복부 지방이 쌓이기 시작했다.

아기를 오동통하게 만드는 피하 지방, 특히 팔다리에 쌓이는 지방은 건강한 아기의 특징이다. 그러나 복부 지방이 많아지면 경보가 울렸다. 4세까지 추적하자, 경보는 갈수록 더 크게 울렸다. 임신 중에 단백질 함량이 낮은 식사를 한 여성의 아이는 혈압이 더 높았다.

미셸과 클레어의 데이터가 말하는 것은 명확했다. 임신 중인 여성은 자신과 아기의 건강을 위해 단백질 함량이 18~20퍼센트이고 건강한 지방 및 탄수화물이 들어 있는 식사를 하는 편이 좋다는 것이다. 특히 중요한 점은 엄마가 단백질 함량이 18~20퍼센트이며, 지방이 적고(30퍼센트) 탄수화물이 많은 (50퍼센트) 식사를 했을 때 미량 영양소 섭취량이 가장 적합했다는 사실이다. 식단에 다량 영양소가 이런 비율로 혼합되면 다양한 식물성 및 동물성 음식을 섞어서 먹게 되고, 그럴 때 비타민과 무기질도 건강한 비율로 섭취하는 듯했다.

신생아의 식생활은 선택의 여지가 거의 없다. 왼쪽 유방을 빨지 오른쪽 유방을 빨지만 다를 뿐이다. 모유를 먹을 때는 단백질 함량이 낮고(약 7퍼센트) 탄수화물 55퍼센트(주로 젖당)와 지방 38퍼센트로 이루어진 식사를 한다. 기근 때를 제외하면, 사람이 평생에 걸쳐 먹게 될 음식 중 단백질 함량이 가장 낮은 식사가 될 것이다. 그러나 유아의 최적 식단 조성이 젖을 떼는 시기까지만 이어진다는 것은 의문의 여지가 없다. 이 점에서는 모든 포유류가 마찬가지이며, 거기에는 한 가지 흥미로운 이유가 있다. 뇌가 크고 복잡한 사회생활을 하기에, 우리는 성체가 알아야 할 모든 것을 배울 수 있도록 유년기가 길어야 한다. 단백질 함량이 낮은 모유는 성장을 늦춤으로써 유년기를 길어지게 만든다.

모유가 최고인 두 번째 이유도 있다. 시판되는 분유를 먹고 자란 아이가 모유를 먹고 자란 아기보다 나중에 비만이 될 가능성이 더 높다는 연구 결과들이 있기 때문이다. 판매되는 분유 중에는 모유보다 단백질 함량이 높은 것이 많다. 신생아에

242

게 단백질 함량이 더 높은 분유(7퍼센트가 아니라 11퍼센트)를 먹이는 실험에서도 같은 결과가 나왔다. 생후 1년 사이, 그리고 취학 연령일 때와 청년일 때도 비만이 될 위험이 훨씬 높았다. 이 때문에 주요 분유 생산업체들은 현재 단백질 함량이 더 낮은 분유를 내놓고 있다.

그런데 아기가 단백질 함량이 높은 분유를 먹으면 왜 나중에 살이 찔 가능성이 높을까? 이는 앞서 발견한 것과 정반대 아닌가? 단백질 함량이 낮은 초가공식품이 비만과 관련 있는 것 아니던가?

확실히 아는 사람은 아무도 없다. 우리는 생애 초기에 단백질 함량이 부자연스럽게 높은 식사를 하면 아기의 단백질 목표 섭취량이 더 높게 설정되기 때문일 수도 있다고 본다. 그리고 아기의 단백질 목표 섭취량이 너무 높게 설정된다면, 나중에 통상적인 단백질 섭취량에 다다르려면 단백질 함량이 낮은 서구식 식사를 할 때 열량을 더 많이 섭취해야 할 것이다. 물론 이는 아동도 어른과 똑같은 방식으로 강력한 단백질 지렛대 효과를 보여 준다는 것을 의미한다.

머독 아동 연구소의 맷 세이빈과 크리스토프 세이너 연구진은 오스트레일리아 아동 과체중 생체 표본 연구 사업에 참여한 비만인 아동과 청소년의 자료를 수집했다. 우리가 공동으로 그 연구 자료를 분석하니, 결론은 명백했다. 아동 비만의 심각한 정도가 섭취한 단백질과 총열량 사이의 관계와 뚜렷한 연관성을 보였다. 식단의 단백질 함량이 낮을수록 열량 섭취량이 증가했고 BMI도 높아졌다. 우리가 성인에게서 얻은 결과와 동일했다. 즉 아동과 청소년도 단백질 지렛대 효과를 보여 주었다.

거기에서 끝이 아니다. 아동과 청소년은 성장하고 활동하려면 많은 에너지와 충분한 단백질을 섭취해야 한다. 모든 부모는 아이의 물리지 않는 식욕을 뒷바라지하기가 얼마나 힘든지 잘 안다. 그러나 컴퓨터 화면 앞이나 비디오 게임 화면 앞에 너무 오래 앉아 있으면서, 단백질 함량이 낮고 탄수화물 함량이 높은 초가공식품과 음료를 마구 먹는 행동은 건강을 망치는 지름길이다. 게다가 유아기 때 단백질 목표 섭취량이 너무 높게 설정된다면, 상황은 더욱 나빠진다.

청년이 되면, 어릴 때 새겨진 각인을 지니면서 새로운 부담까지 안게 된다. 전 세계에서 체중이 가장 눈에 띄게 증가하는 시기는 20~30세인 10년간이다. 집을 떠나 독립하고 직장을 구하고 새로운 인간관계를 맺다 보면 건강한 식단, 몸을 활발하게 움직이는 생활 습관, 규칙적인 수면 습관을 유지하기가 어려울 수 있다. 또 청소년기를 지나면 체내 에너지 소비량이 줄어든다. 몸에 필요한 지방과 탄수화물의 열량은 줄어드는 반면, 단백질 표적 섭취량은 그대로 유지된다는 의미다. 그 결과, 필요한 양보다 더 많이 먹게 되어 비만 증상이 나타날 수 있다.

비만이 젊은 남녀의 건강에 미치는 영향은 나중에 태아의 유전자 발현 양상을 바꿈으로써 다음 세대까지 이어질 수도 있다. 우리는 모두 부모의 생활 습관이 남긴 각인을 지니며, 더 나아가 조부모의 생활 습관이 남긴 것도 지닐 수 있다. 이른바 후성 유전학적 표지를 통해서다. 엄마의 난자가 이런 표지를 아기에게 전달한다는 것은 잘 알려져 있지만, 정자도 아빠의 식단을 반영하는 분자 메시지를 지니고 있다가 수정란에 전달함으로써, 태아 때 이미 아기의 장래 건강 궤도를 설정할 수 있다는 증거도 점점 늘어나고 있다. 이런 후성 유전학적 표지가 신생아의 단백질 목표 섭취량을 설정하는지 여부는 모르지만, 만일 설정한다면 그 의미는 명확하다.

임신기에는 자라는 태아의 수요에 맞추기 위해 당연히 엄마의 단백질 목표 섭취량이 증가한다. 의사들은 임신 2분기와 3분기에는 매일 단백질을 20그램씩(약 3분의 1) 섭취하라고 조언한다. 에너지 섭취량도 약 350칼로리 늘리라고 한다(약 5분의 1 더). 이렇게 늘어난 섭취량을 충족시키려면 식단의 단백질 함량을 조금 높이면서 — 아주 많이는 아니라 — 탄수화물과 지방을 과식하지 않도록 주의를 기울여야 한다.

일단 중년에 들어서면, 즉 약 40~65세에는 단백질 함량이 더 낮고(10~15퍼센트), 탄수화물(하지만 건강한 탄수화물) 함량이 더 높으며, 건강한 지방이 적절히 들어 있는 식단이 건강을 촉진하고 노화 과정을 지연시킬 것이다. 건강한 탄수화물을 섭취하라는 말은 창자가 비는 속도를 늦추고, 포만감을 높이며, 장내 미생물을 잘 먹이고 배 속의 건강을 유지할 수 있도록 섬유질을 많이 섭취하라는 뜻이다. 살코기, 가금류, 달걀, 생선, 유제품, 견과가 적절히 들어 있고, 채소, 과일, 콩, 곡물이 풍부하고, 올리브유 같은 좋은 지방이 적당량 들어 있는 식단이 그렇다.

하지만 약 65세를 넘어 황혼기에 들어가면, 다시 단백질 함량이 더 높은 — 중년 때보다 더 높은 — 식단이 필요해진다. 우리 몸이 단백질을 간직하는 효율이 더 떨어지기 때문에 나타나는 결과다. 노년에는 단백질이 새어 나가는 속도가 더 빨라진다. 이제 지방이 없는 조직의 단백질이 더 빠르게 분해되어 간에서 포도당으로 전환되는 경향이 나타난다. 근육 손실이 노년의 한 특징인 이유가 바로 그 때문이다. 이때는 열량을 추가로 섭취하지 않으면서 단백질을 보충하는 데 도움이 되도록 단백질 함량을 18~20퍼센트로 높인 식사를 하는 편이 좋다.

흥미로운 점은 8장에서 살펴본 우리 생쥐에게서 정확히 이런 양상을 볼 수 있었다는 것이다. 동료 앨러스테어 시니어는 우리 생쥐가 중년에 고단백 저탄 먹이를 먹었을 때 사망 위험이 가장 높았지만, 아주 늙었을 때 단백질 함량이 더 높은 먹이를 먹었을 때는 혜택을 보았음을 보여 주었다.

우리는 단백질 목표 섭취량이 요람에서 무덤까지 어떻게 변하는지, 그것이 생애 초기에, 심지어 태어나기도 전에 어떻게 설정될 수 있는지 살펴보았다. 이 점을 언급하는 이유는 단백질 목표 섭취량이 너무 높은 것이 비만으로 이어진다는 우리의 생각이 옳다면, 아메리카 원주민, 오스트레일리아 원주민, 토러스 해협 원주민, 뉴질랜드 마오리족, 기타 선주민 같은 원주민 집단들이 가공식품을 먹을 때 비만이 되는 경향이 유달리 높은 등 아직 제대로 이해되지 않은 몇몇 아주 중요한 현상을 설명할 수 있기 때문이다. 아마 그들이 최근 들어 단백질 함량이 높았던 전통 식단을 멀리하게 되었기 때문일 것이다. 북극권의 이누이트족은 이 양상에 유달리 잘 들어맞는 집단이다. 이들은 전형적인 서구 식단에 노출될 때 가장 비만이 되기 쉬운 집단에 속한다. 전통적으로 그들은 최근 역사의 모든 인류 집단 중에서 단백질 함량이 가장 높은(30퍼센트 이상) 식단을 지니고 있었다.

여기에 피할 수 없는 진리가 있다. 우리의 단백질 목표 섭취량이 높을수록, 그 목표에 다다르려면 음식을 더 많이 먹어야 한다는 것이다. 그리고 식품의 지방과 탄수화물 함량이 높고 섬유질 함량이 낮다면, 우리는 더 많은 열량을 섭취하게 될 것이다. 이 추가 열량을 태우지 않으면 몸에 쌓이고 인슐린 내성을 띨 위험이 커진다. 그런 일이 일단 일어나면, 우리는 단백질 식욕을 부추기는 악순환에 빠져, 현재의 비만 생성 식품 환경에서 계속 체중이 불어나는 방향으로 나아갈 것이다. 그렇다면 어떻게 해야 이 악순환을 피할 수 있을까?

13장 요약

1. 우리는 태어날 때부터 늙을 때까지 살아가면서, 또 생활 습관에 따라 단백질과 에너지 요구가 달라진다. 우리의 단백질 목표 섭취량은 우리가 태어나기 전에 이미 부모의 생활 습관을 통해 설정될 수도 있다.

2. 단백질 목표 섭취량이 높을수록, 그 목표에 다다르기 위해 우리는 더 많이 먹어야 한다. 음식의 섬유질이 적고 열량이 높다면, 이는 단백질 목표 섭취량에 다다르기 위해 열량을 추가로 섭취한다는 의미다. 그 결과, 우리가 과체중이 되고 인슐린 내성을 띨(당뇨 전 단계) 위험이 증가한다.

3. 인슐린 내성은 몸의 단백질 손실 속도를 높여, 단백질 목표 섭취량을 더욱 높이고, 과식을 일으키는 악순환을 촉진하며, 체중을 계속 늘리고, 제2형 당뇨와 심장 질환 등의 건강 문제들을 일으킨다.

4. 우리는 이 악순환에서 어떻게 벗어날 수 있을까?

14장
교훈을 실천으로

알베르트 아인슈타인은 이렇게 썼다. 〈가능한 한 모든 것을 단순화하라. 하지만 너무 단순하게는 말고.〉 우리는 영양을 이해하기 위해 갖은 노력을 하는 내내 바로 그 접근법을 취하려고 애썼다.

우리 과학 여행의 첫 단계인 메뚜기의 섭식 연구는 많은 이가 지녔던 지나치게 단순화한 견해에 도전했다. 동물의 모든 섭취가 단일한 식욕을 통해 추진된다는 개념이다. 우리는 실제로는 그보다 더 복잡하다는 것을 알아냈다. 그리고 이 복잡성을 길들이기 위해 새로운 개념, 우리가 왜, 어떻게 먹는지 이해할 새로운 방법을 창안했다. 바로 영양 기하학이다.

그런데 기하학이 섭식과 무슨 관계가 있다는 것일까? 우리는 기하학을 써서 메뚜기가 지닌 식욕들 사이의 관계를 탐사하고 시각화했다. 각각 다른 영양소에 대한 식욕이다. 이윽고 우리는 모든 식욕 중에서 단백질 식욕이 섭취량에 가장 강하게 — 유일하게는 아니지만 — 영향을 미친다는 것을 보여 줄 수 있었다. 우리가 보았듯이, 메뚜기는 건강하게 발달하는 데 딱 맞는 양으로 단백질을 섭취하기 위해 최선을 다한다. 너무 적게도 너무 많이도 아니다.

그 깨달음은 이 책의 핵심 개념 중 하나로 이어졌을 뿐 아니라, 그 뒤로 죽 우리를 인도하는 역할을 했다. 강력한 단백질 식욕 때문에 대다수 동물은 지방과 탄수화물을 비롯한 다른 영양소를 너무 적게 또는 너무 많이 먹을 수 있다는 것이다. 단백질 식욕이 충족되지 않으면, 동물은 과식할 것이다. 일단 단백질을 충분히 먹으면, 먹으라고 재촉하는 식욕이 가라앉는다.

그것이 우리가 할 수 있는 만큼 단순화한 영양 개념이다. 너무 단순화하지 않으면서 말이다.

그렇게 생각하자 우리 앞에 가장 큰 도전 과제가 나타났다. 이 견해가 가장 복잡한 종에서 영양이 왜 이토록 잘못된 양상으로 전개되고 있는지 이해하는 데 도움을 줄 수 있을까? 우리 종의 영양 말이다. 작은 플라스틱 상자에 들어 있는 메뚜기에게 적용되는 원리를, 무엇을 얼마나 많이 먹을지 무한정 선택할 수 있는 우리 인간에게도 적용할 수 있을까?

그렇다. 적용할 수 있는 것으로 드러났다. 우리는 산맥에서 섬, 사막, 도시까지 돌아다니면서 조사했고, 변형균과 원숭이에서 여치와 대학생에 이르기까지 다양한 종을 연구했다. 우리는 사람의 영양이 동료 동물들의 영양보다 결코 더 복잡하지 않다는 것을 알아차렸다. 우리도 무엇을 얼마나 많이 먹는지 결정하는 강력한 단백질 식욕을 지니고 있다.

그러나 우리 식품 환경이 극적으로 달라지면서, 특히 자연식품이 초가공식품으로 대체됨에 따라 식단이 균형을 잃었고, 그 결과 우리는 온갖 잘못된 양상으로 과식을 하게 되었다. 현재 유행하는 비만, 당뇨, 심장 질환 같은 세계적 건강 위기는 우리의 식품 공급 양상이 달라진 직접적인 결과다.

우리는 영양과 식단을 다른 식으로 생각하도록 가르치고 이 접근법을 적용해 자연 세계 — 그리고 더 나아가 우리 자신 — 를 조사하는 일에 여생을 바치게 한 그 자그마한 메뚜기에게 큰 빚을 졌다.

그런데 그것이 독자에게 어떤 의미가 있을까? 우리는 우리가 얻은 교훈으로 독자가 건강하고 사려 깊은 섭식 습관을 갖는 데 도움을 줄 수 있기를 바란다. 도움이 되도록, 먼저 우리 논의의 요점을 요약해서 제시하기로 한다. 또 우리가 얻은 교훈을 어떻게 적용할 수 있을지 보여 주기 위해 사례도 몇 가지 준비했다.

우리가 아는 것

1. 단백질 갈망은 보편적이다. 이 식욕은 모든 동물이 그 영양소의 목표 섭취량에 다다르도록 돕기 위해 진화한 것이다. 동물은 단백질이 부족하면, 그 맛을 갈망하는 허기를 느낀다. 우리 인간은 단백질이 부족해지면, 입맛을 다시게 하는 단백질의 감칠맛에 저항할 수 없다.
2. 단백질 식욕은 몇몇 다른 식욕들 — 탄수화물, 지방, 나트륨,

칼슘의 식욕 등 ─ 과 협력해 건강하고 균형 잡힌 식단에 이르도록 이끈다.

3. 이 유도 시스템은 자연의 먹이 환경에서, 즉 먹이에 든 모든 영양소 사이에 믿음직한 상관관계가 존재했던 환경에서 진화했다. 다시 말해, 균형 잡힌 식단이 있었기에, 단지 다섯 가지 영양소의 섭취량을 조절하면 다른 수십 가지 유용한 물질도 따라서 섭취할 수 있었다는 의미다.

4. 그러나 자연에서도 특정한 먹이가 희귀해지는 시기가 있으며, 그럴 때는 균형 잡힌 식사를 하기가 불가능할 수도 있다. 그런 상황에서는 식욕들이 서로 협력하기보다 경쟁한다.

5. 사람과 다양한 종 ─ 하지만 모든 종은 아니다 ─ 에서는 그런 경쟁이 벌어질 때 단백질 식욕이 이긴다. 그 결과, 단백질 식욕이 전반적인 섭식 양상을 결정한다.

6. 우리 식품 환경에 단백질이 너무 적게 들어 있다면, 우리는 단백질 식욕을 충족시킬 때까지 계속 먹어 과식할 것이다. 음식의 단백질 함량이 우리 몸에 필요한 비율보다 높다면, 단백질 식욕이 더 일찍 충족된다. 총열량을 훨씬 덜 섭취한 상태에서다.

7. 그렇다고 해서 단백질을 더 많이 먹을수록 좋다는 의미는 아니다. 결코 그렇지 않다. 효모에서 초파리, 생쥐, 원숭이에 이르기까지 생물은 단백질을 과다 섭취하지 않도록 진화했다. 거기에는 타당한 이유가 있는데, 주된 이유는 이것이다. 단백질을 너무 많이 섭취하면 노화를 촉진하고 수명을 줄이

는 생물학적 과정들이 활성을 띤다는 것이다.

8. 그런데 우리의 식품 체계가 산업화하면서 영양의 균형을 잡는 우리 능력에 심각한 지장이 생겼다.

- 당, 지방, 소금, 기타 화학 물질을 첨가해 부자연스러울 정도로 맛이 좋으면서 단백질 함량이 낮은 식품을 개발했다.
- 값싸고 풍부한 초가공 지방과 탄수화물을 이용해 식품에 들어 있는 단백질을 희석했다.
- 포만감을 일으키고 장내 미생물의 먹이가 되는 섬유질의 섭취량을 줄임으로써, 우리 식욕 체계의 제동 장치를 없앴다.
- 아이까지 포함해 소비자들에게 이런 제품들을 공격적으로 광고해 일상적으로 먹는 식품으로 만듦으로써 세계적으로 식품 문화를 바꾸었다.
- 세계의 육류 단백질 갈망을 충족시키기 위해 가축을 지속 불가능한 수준으로 대규모로 사육하기에 이르렀다. 그에 따라 환경 피해도 발생했다.
- 대기의 이산화탄소 농도를 높임으로써 우리 주식인 작물의 단백질 함량을 낮추고 있다.

우리가 발견한 사항들을 이렇게 나열하니 솔직히 매우 우려스럽다. 이 목록은 우리 자신이 우리의 영양 생물학에 들어맞지 않는 쪽으로 식품 환경을 가공해 왔음을 보여 준다. 그러나 좋은 소식도 있다. 이제 우리가 자신의 생물학을 거역하기보다 그 생물학과 협력함으로써 문제를 바로잡기 시작할 만큼 우리의 영양학을 충분히 알게 되었다는 사실이다.

먼저 메리의 이야기로 시작해 보자.

메리의 이야기: 두 갈래 길

메리는 45세다. 10대 자녀를 두 명 키우고 있다. 그녀는 주로 직장, 가정, 가족을 오가면서 바쁘게 움직이다 보니, 신체 활동도 어느 정도 하고 있다. 1년 전 체육관 회원권을 끊고 매주 수업을 들으려 노력하지만, 뜻대로 되지는 않는다. 그녀는 체중이 불고 있다고 걱정하며 BMI를 약 25로 유지하고자 애쓴다. 의사들이 과체중이라고 분류하는 수준을 넘어서지만, 그녀가 살고 있는 오스트레일리아에서는 성인의 3분의 2가 그렇다. 메리는 키가 160센티미터에 체중이 64킬로그램이므로, 현재 BMI는 정확히 25다(BMI는 킬로그램 단위의 체중을 미터로 표시한 키의 제곱으로 나눈 값이다. 온라인에는 값만 입력하면 결과가 나오는 계산기가 많이 있다).

메리의 단백질 목표 섭취량은 얼마일까? 추정 방법은 여러 가지가 있지만, 단순한 방법을 써보자. 나이를 생각할 때 메리에게 건강한 식단에는 총에너지의 약 15퍼센트가 단백질로 들어 있어야 한다는 것을 우리는 안다. 또 우리는 해리스 베네딕트 공식이라는 방정식을 이용해 그녀의 하루 총열량 요구량을 꽤 정확히 추정할 수 있다. 이 공식은 대사율을 추정할 때 쓰는데, 1919년에 그 방법을 발표한 미국 식물학자 제임스 해리스와 화학자이자 생리학자인 프랜시스 베네딕트의 이름을 딴 것이다. 체중, 키, 성별, 나이, 활동 수준에 따라 이 값을 계산하는 온라인 계산기도 많다. 숫자를 입력하면 자신의 총에너지 필요량을 꽤 정확히 추정할 수 있다. 생활하고 체중을 유지하기 위해 매일 먹어야 하는 열량이다.

이 공식에 따를 때, 메리는 하루에 1,880칼로리를 먹어야 한다. 매일 그만큼 먹으면, 체중이 늘어나지도 줄어들지도 않을 것이다.

1,880칼로리의 15퍼센트 — 단백질에서 얻으라고 권장되는 비율 — 는 282칼로리다. 단백질은 그램당 4칼로리의 에너지를 지니므로, 이 열량은 70.5그램에 해당한다(정확히!). 하루에 그만큼 먹으라는 뜻이다. 메리는 나머지 1,600칼로리를 탄수화물과 지방을 어떤 식으로든 조합해서 먹어야 할 것이다. 지금은 그쪽에 대해 신경을 끄자.

단백질 70.5그램은 어떻게 얻을까? 다음과 같은 방식으로 얻을 수 있다.

320그램 — 요리한 살코기나 생선

680그램 — 플레인 요구르트나 코티지치즈

2.1리터 — 신선한 우유

850그램 — 요리한 강낭콩, 제비콩, 병아리콩

10개 — 달걀

370그램 — 견과

1,400그램 — 도넛과 튀김(정말 많이 먹어야 한다)

물론 이 모든 식품에는 단백질 말고 다른 영양소들도 들어 있다. 탄수화물, 지방, 미량 영양소, 섬유질도 얼마간 들어 있다. 이는 메리가 단백질 70.5그램을 생선에서 얻는지(열량 580칼로리 섭취), 도넛과 튀김에서 얻는지(무려 5,500칼로리 섭취)에 따라 섭취하는 열량이 전혀 달라질 수 있음을 의미한다.

따라서 메리는 하루에 열량 1,880칼로리를 넘기지 않으면서 단백질 70.5그램을 섭취해야 한다.

몇 달 동안 힘들게 지내다 보니, 메리의 식사 습관이 조금 바뀌었다. 그녀는 매주 이틀은 저녁을 배달시켜 먹어야 했다. 남편은 여기저기 돌아다니는 중이라서, 그녀는 방과 후에 아이를 태워 오고 장을 보고 요리를 하는 등 집안일을 홀로 해야 했다. 또 직장에서도 힘든 시기를 보내야 했고, 매일 교통 체증을 뚫고 도심 반대편에 있는 새 고객의 사무실까지 운전해서 가야 했다. 집에 돌아와 이것저것 뒤처리할 무렵이면, 요리하고 싶은 마음이 싹 사라졌다. 게다가 냉장고에 신선한 식품도 전혀 없었다. 5일 동안 장을 보러 가지 않았으니까.

피자 상자를 치우고, 아이들이 내일 가져갈 학교 가방을 제대로 꾸렸는지 확인하고, 내일 회의에 필요한 서류를 검토한 뒤, 메리는 TV 앞에 앉아 포도주 한 잔을 마시면서 감자칩 포장지를 뜯는다.

집 안 상황에 맞추어 그때그때 되는대로 식사를 하고 있었지만, 고대로부터 전해진 메리의 강력한 단백질 식욕은 여지없이 그녀가 매일 70.5그램의 목표 섭취량을 먹도록 재촉했다. 하지만 그녀는 단백질 함량이 15퍼센트인 식사를 하는 대신, 지방과 탄수화물을 더 늘리는 바람에 단백질 함량이 13퍼센트로 희석된 식사를 했다. 2퍼센트라면 별 차이 안 나는 것 같지만, 계산해 보면 다르다.

메리는 단백질 함량이 15퍼센트인 식사를 할 때는 하루에 1,880칼로리 섭취할 것이다. 현재 체중을 유지하는 데 딱 맞는 양이다.

그런데 13퍼센트인 식사를 한다면, 동일한 단백질 목표 섭취량을 맞추기 위해 총 2,170칼로리를 섭취하게 된다. 현재 몸무게를 유지하는 데 필요한 열량보다 290칼로리를 더 섭취한다.

이제 그 차이를 제대로 살펴보자. 290칼로리는 가당 청량음료 캔 두 개나 막대 초콜릿 한 개, 감자칩 한 봉지에 해당한다. 이번에도 별 차이 아닌 것처럼 들리겠지만, 이 늘어난 열량을 태우지 않는다면 메리의 체중은 불어날 가능성이 높다. 단백질 함량 13퍼센트인 식단을 유지한다면, 2년 내 체중이 12킬로그램 불어 76킬로그램에 달할 것이고, BMI는 30에 이른다. 비만이라고 정의되는 수준이다.

그다음은 어떻게 될까?

한쪽 결과

메리의 체중은 느리지만 꾸준히 불어난다. 76킬로그램에 다다랐을 때, 그 불어난 체중을 유지하려면 매일 추가로 먹었던 290칼로리를 계속 먹어야 할 것이다. 체중이 늘면 그만큼 연료도 더 필요하기 때문이다. 적어도 체중이 더는 불지 않을 것이라고 생각할지 모르겠다. 하지만 틀렸다. 앞 장에서 설명했듯이, 새는 배수구 효과 때문에 메리는 처음보다 12킬로그램이 더 불어난 상태로 남아 있는 대신, 단백질 식욕 증가가 일으키는 악순환에 빠진다. 체중이 더욱 불어날 거라고 거의 장담할 수 있다.

이 악순환 때문에 메리의 단백질 목표 섭취량은 높아지며, 그에 따라 단백질 식욕은 거침없이 계속 과식하도록 부추긴다. 식단을 이루는 고도로 가공된 식품과 음료 때문에, 그녀는 전보다 더 섬유질을 덜 섭취하고 있다. 이는 메리의 식욕을 억제하는 제동 장치가 고장 난다는 의미다. 장내 미생물도 마찬가지로 섬유질 부족을 알아차리기 시작할 것이고, 변비와 불규칙한 장운동을 통해 자신들이 불편을 겪고 있음을 알리기 시작할 것이다.

체중 증가로 이제 메리의 새로운 단백질 목표 섭취량은 76그램이 된다. 이전 목표인 70.5그램보다 겨우 5.5그램 늘어났을 뿐이다. 말 그대로 하루에 달걀 한 개만 더 먹으면 된다. 이렇게 별일 아닌 것처럼 들리겠지만, 사실 그 결과는 끔찍하다.

단백질 함량이 13퍼센트인 식사를 하므로, 이제 메리는 단백질을 76그램 먹기 위해 매일 2,340칼로리를 섭취해야 한다. 추가로 168칼로리를 더 섭취하므로, 머지않아 체중이 83킬로그램으로 불어날 것이고, BMI는 32.4가 될 것이다. 게다가 거기서 끝나지 않을 것이다. 인슐린 내성이 증가함에 따라 메리의 단백질 목표 섭취량은 더욱 늘어날 것이고, 제2형 당뇨병 등 더욱 심각한 건강 문제들이 생길 것이다.

다른 결과

메리는 더 이상의 체중 증가를 막기 위해 제때 자제력을 발휘했다. 그녀가 해야 할 일은 오로지 단백질 함량이 15퍼센트인 식단으로 돌아가고, 정크 푸드 식습관을 버리며, 섬유질을 더 많이 먹는 것이다. 나머지는 단백질 식욕이 알아서 한다.

직관에 반하지만 한 가지 중요한 점은, 메리가 단백질이 풍부한 음식을 굳이 더 많이 먹을 필요 없다는 것이다. 지방과 탄수화물을 290칼로리만 덜 먹으면, 식단의 단백질 비율이 13퍼센트에서 15퍼센트로 증가할 것이다. 메리는 전보다 열량을 덜 섭취하면서 70.5그램이라는 단백질 목표 섭취량에 다다를 것이고, 체중은 64킬로그램으로 돌아갈 것이다. 소파에 누워 감자칩 한 봉지 뜯는 일을 멈추거나, 탄산음료나 맥주 두 캔이나 막대 초콜릿 먹는 일을 그만두는 것으로도 충분하다. 과일과 채소, 콩, 통곡물을 조금 더 섭취한다면 섬유질 문제도 해결될 것이고, 필수적인 미량 영양소와 건강한 식물성 화학 물질도 덩달아 섭취하게 될 것이다(통곡물은 밀, 호밀, 귀리, 보리, 기장, 쌀 같은 곡물 낱알의 모든 부위를 포함한다. 반면에 정제된 낱알에는 씨의 녹말 부위만 남아 있고, 섬유질이 든 겨와 영양소가 풍부한 씨눈은 제거된다).

메리가 더 노력해서 지방과 탄수화물의 열량 섭취를 510칼로리 줄이면, 식단의 단백질 함량은 17퍼센트까지 높아질 것이고, 1,660칼로리만 먹어도 단백질 목표 섭취량에 다다르게 된다. 이는 그녀가 체중을 66킬로그램으로 유지하는 데 필요한 열량보다 약 150칼로리 더 적은 수준이다. 메리는 자신이 좋아하는 식품을 두 가지만 줄이면 이렇게 할 수 있다. 감자칩 한 봉지, 막대 초콜릿 한 개, 청량음료 캔 두 개, 포도주 한 잔 중에서다. 이번에도 단백질을 더 먹을 필요는 전혀 없다. 목표 섭취량은 70.5그램으로 동일하므로, 문제는 그 목표에 다다르기 위해 다른 음식들의 열량을 얼마나 섭취해야 하는가이다.

그리고 메리가 신체 활동량을 늘려 여분의 열량을 태우고 전반적인 건강을 개선할 수 있다는 점도 잊지 말자.

선진국에 사는 중년 남녀 대부분은 메리와 거의 비슷하다. 우리 모두 그녀와 비슷한 문제를 안고 있다. 따라서 그녀의 해결책은 우리 모두의 해결책이 될 수 있다.

메리가 더 나이를 먹어 65세 이상이 되면, 단백질 섭취량을 조금 늘리기 시작할 필요가 있다. 식단의 단백질 함량을 20퍼센트로 늘림으로써 하루에 약 25그램을 더 섭취해야 한다. 앞 장에서 설명한 이유들 때문이다. 노년에는 단백질이 더 많이 새어 나가므로, 섭취량을 늘리지 않으면 근육량이 줄어들 위험이 있다.

매슈의 이야기

매슈는 25세다. 1년 전 대학을 마친 뒤 집을 떠나 새 도시의 직장에서 일하고 있다. 일이 많아서, 그는 대개 밤늦게까지 일해야 하는 상황이다. 그는 요리라고는 해본 적이 없으며, 온라인 주문으로 해결하는 편이 수월하다. 10대 말에 매슈는 재능 있는 미식축구 선수였고, 몸을 만들기 위해 열심히 훈련했다. 3년에 걸쳐 몸을 불린 끝에 깡마른 홀쭉이에서 체중 85킬로그램의 근육질 덩치가 되었다. 집 안 냉장고를 단백질 셰이크와 달걀, 닭가슴살로 꽉꽉 채우는 바람에 부모를 질리게 할 정도였지만, 그 시기는 지나갔다. 축구 선수 생활도 끝났고 그와 동시에 집중적인 훈련도 더 이상 하지 않게 되었다.

선수 생활을 할 때 매슈는 매일 단백질을 약 135그램씩 먹었다. 근육량을 충분히 늘리고 유지하기 위해서였다. 또 높은 수준의 신체 활동을 지탱하기 위해 매일 3,550칼로리의 열량을 태우고 있었다. 지금은 온종일 컴퓨터 화면 앞에 앉아서 일하므로, 하루에 2,550칼로리만 소비하고 있다. 축구와 근력 훈련이 없자 그의 근육량은 줄어들기 시작했다. 근육은 쓰지 않으면 사라진다. 그러나 여전히 단백질 식욕을 통해 단백질을 요구하고 있다.

선수 생활을 마칠 무렵 매슈가 단백질 함량 15퍼센트 식단을 유지했다면 단백질과 열량 양쪽으로 목표 섭취량에 다다를 수 있었다(단백질을 135그램 먹으면 3,600칼로리를 먹는다는 의미가 된다). 문제는, 지금 그가 하루에 열량을 1,000칼로리 덜 소비한다는 것이다. 단백질 15퍼센트 식단으로 그만큼 덜 먹는다면, 매슈는 하루에 단백질을 95그램만 먹게 될 것이다. 그러나 그의 단백질 목표 섭취량은 운동하던 시절의 영향이 남아 아직 높은 상태로 유지되고 있어 만족하지 못하고 그에게 계속 먹도록 부추길 것이다.

매슈의 단백질 목표 섭취량이 앉아서 생활하는 새로운 생활 방식에 더 적합한 수준으로 낮게 재설정되려면 시간이 걸릴 것이다. 얼마나 오래 걸릴지 우리는 알지 못한다. 앞으로 연구가 이루어져야겠지만, 그때쯤이면 매슈의 허리둘레는 선수로 뛸 때 설정된 높은 단백질 목표 섭취량을 충족시키기 위해 먹었을 과다 열량이 쌓인 결과를 보여 줄 것이다. 매슈는 많은 건강한 젊은이가 20~30대에 접어들면서 보이는 추세를 따를 것이다. 40~50대에 시달릴 만성적 건강 문제의 씨앗이 뿌려지고 있다.

매슈는 어떻게 해야 할까? 체중 증가를 피하려면, 열량 섭취량을 2,550칼로리로 제한하면서, 하루 135그램이라는 필요한 수준보다 더 높이 설정된 게걸스러운 단백질 식욕을 충족시켜야 한다. 그렇게 하려면, 식단의 단백질 함량을 15퍼센트에서 21퍼센트로 올리기만 하면 될 것이다. 그러면 단백질 목표 섭취량(135그램)과 에너지 수요(2,550칼로리)를 동시에 충족시킬 것이다. 초가공식품을 줄이고 섬유질 섭취량을 늘리는 것이 식단의 단백질 함량을 21퍼센트까지 올리도록 돕는 간단한 방법이지만, 단백질이 풍부한 식품을 많이 먹어 하루 단백질 섭취량을 20~30그램 더 늘리는 것도 도움이 될 것이다.

간단하다.

우리 종이 존속해 온 세월 대부분에서 체중을 줄이는 것이 목표였던 적은 거의 없었지만, 지금은 체중을 조금이라도 줄이는 것이 많은 이의 목표가 되었다. 살을 빼는 것도 힘들지만, 뺀 체중을 유지하는 것은 더욱 힘들다. 요요 효과가 너무나 흔하다. 최신 유행하는 다이어트를 통해 살을 빼면, 다시금 이전 체중으로 돌아가거나 오히려 그보다 더 불어나곤 한다. 살빼기 업계로서는 요요 현상이 아주 좋은 사업 모델이며, 우리의 생물학과 현대 식품 환경의 조합은 그 현상을 거의 불가피한 것으로 만든다.

메리와 매슈의 사례에서 보았듯이, 단백질 지렛대를 쓰면 도움을 줄 수 있다. 유럽 DIOGENES[4] 연구처럼, 저열량 식단(그 연구에서는 8주 동안 하루에 800칼로리씩만 먹도록 했다)으로 생활한 뒤 소화 속도가 느린 건강한 탄수화물이 많이 포함되어 있으면서 단백질 함량도 높은(25퍼센트) 식단을 접하면 체중이 다시 불어나는 것을 막는 데 도움이 된다는 대규모 임상 시험 증거가 있다.

그러나 초보자가 흔히 저지르는 실수가 하나 있는데, 단백질 함량이 높은 식단의 건강 혜택을 접하고서, 그것이 단백질 덕분이라고 여기는 것이다. 그 결함 있는 논리는 이런 식으로 전개된다. 단백질 함량이 높은 식사를 하면 살이 빠지고, 살이 빠

4 다이어트와 비만, 그리고 유전자(Diet, Obesity and genes)를 합친 명칭이다.

지면 건강이 좋아진다. 따라서 단백질은 건강을 개선한다. 그러나 단백질은 당뇨병, 심장 질환 등 비만의 합병증을 치료하는 약이 아니다. 지금 우리가 알고 있다시피, 단백질 함량이 높은 식사를 하면 그저 총열량 섭취량이 줄어든다. 다른 모든 혜택은 그로부터 따라 나온다.

하지만 오늘날 〈단백질을 좀 먹는 것이 좋다면, 더 먹으면 더 좋을 것이 틀림없다〉라고 믿는 다이어트 방식이 유행하고 있다. 여기서 우리는 또 한 가지 흔한 논리적 오류를 본다. 어떤 것이 좋다고 할 경우, 적당량보다 더 많이 섭취하면 틀림없이 더 좋을 것이라는 식의 오류다. 적당한 양일 때는 유익하지만, 농도가 너무 높아지면 해로운 물질도 많다. 소금, 물, 비타민도 그렇다. 단백질도 그렇고, 탄수화물과 지방도 마찬가지다.

현재 고단백 식단이 좋다는 철학이 한창 유행하고 있다. 저탄고지 고단백 식단이 살을 빼준다고 권하는 로버트 앳킨스[5]의 활동을 통해 널리 퍼졌다. 그의 말은 옳았다. 그리고 이제 우리는 그 이유를 안다. 그런 식단을 택하면, 단백질 식욕을 충족시키는 데 초점이 맞춰 있어 전반적으로 덜 먹기 때문이다. 앳킨스 이후 구석기(팔레오), 케톤 생성(키토제닉), 육식성 식단 등 탄수화물이 적게 또는 전혀 들어 있지 않고 오로지 육류, 생선, 달걀, 버터(그리고 좀 신중한 쪽은 섬유질을 약간 넣기도 한다)만으로 이루어진 식단이 수월하게 체중을 조절하고 동물처럼 건강하게 살아가도록 해준다면서 인기를 끌었다.

5 미국의 내과 의사로, 〈황제 다이어트〉라고 불린 저탄고지 다이어트의 창시자.

이런 식단들이 체중 감소를 자극하리라는 점은 분명하다. 단백질의 허기를 달래는 효과에다 탄수화물이 아주 적은 케토 식단(탄수화물을 20그램 미만으로 먹는 방식으로, 하루에 사과 한 알을 먹는 것에 해당한다)은 몸이 케톤을 태우도록 자극한다. 즉 세포가 포도당 대신 지방의 분해 산물인 케톤을 주된 연료로 삼아 태우게 만든다. 또 케톤은 단백질 함량이 적당한 수준일 때도 열량 섭취량을 줄이는 데 도움을 주는 듯하다.

단백질 함량이 낮고(9퍼센트), 지방 함량이 대단히 높은(90퍼센트) 케토 식단은 아동 간질의 치료처럼 특수한 상황에서 치료용으로 쓰인다. 그리고 탄수화물 함량과 열량이 아주 낮은 식단은 제2형 당뇨병의 증상을 완화하는 데 도움을 줄 수 있다. 그러나 둘 다 지속 가능하지 않을뿐더러, 사람들 대부분이 일상 식단으로 삼기에 바람직하지도 않다. 좀 덜 극단적인 저탄 고지 식단도 계속 유지하기가 쉽지 않다. 대다수는 곧 다량 영양소가 더 균형 있게 들어간 식단으로 돌아간다.

이유는 단순하다. 식단에서 탄수화물을 대부분 제거한다면, 탄수화물 식욕이 활성을 띠게 되고, 녹말과 당분이 가득한 음식이 너무나 먹고 싶어질 것이다. 며칠 동안 탄수화물 섭취를 줄이려 해보면 금방 알 수 있다. 식단에 단백질 함량까지 적으면 단백질과 탄수화물을 이중으로 갈망하는 한편, 지방 식욕이 지방을 그만 먹으라고 말함에 따라 지방은 쳐다보고 싶지도 않다는 욕구가 점점 커질 것이다. 독자의 식욕은 본래 진화한 대로 하고 있을 뿐이다. 균형 잡힌 식사를 하도록 독자를 이끌기 위해 최선을 다한다.

하지 말라는 온갖 욕구에 맞서면서 저탄(또는 어떤 극단적인) 식단을 고집한다면, 몸은 이윽고 그 식단에 적응할 것이다. 우리는 식단 쪽으로는 대단히 융통성이 높은 동물이다. 그것이 종으로서 우리가 성공한 이유 중 하나였다. 인류는 이누이트의 전통 식단(생선과 포유동물의 고기와 지방 위주), 케냐 마사이족의 전통 식단(우유와 피), 오키나와 주민의 고구마 중심의 저단백 식단처럼 유망하지 않은 식단에도 적응할 수 있었다.

그러나 단점도 있다. 영양소 선택을 더 제한할수록 우리는 대사 유연성을 잃을 위험이 더 커지며, 이윽고 다른 식단으로 옮겨 가기가 어려워질 것이다. 본래 우리는 생물학적으로 계절에 따라 식량이 달라지며, 먹지 않은 채 밤을 보내고, 배 터지도록 먹는 시기와 굶는 시기가 있다고 예상하도록 진화했다. 생리학적으로 볼 때, 우리는 어떤 도전 과제가 닥치든 간에 유연하게 대처할 능력을 유지하기 위해 근육과 힘줄을 쭉 펴야 하는 운동선수와 비슷하다. 우리의 생리학을 〈쭉 펴진〉 상태로 유지하지 않는다면, 우리는 다양하고 건강한 식단을 즐기는 능력을 서서히 잃어 갈 것이다.

체중 감소가 건강과 수명에 좋을 수 있다는 것은 이제 의문의 여지가 없다. 체중이 건강한 수준보다 더 많고, 특히 당뇨와 심혈관 질환 징후가 있다면 더욱 그렇다. 비만과 관련된 온갖 안 좋은 건강 표지들을 개선하는 데 기여한다.

그러나 현재 우리가 알고 있는 장수의 분자 메커니즘에 비추어 볼 때 고단백, 저탄수화물, 고지방 식단은 나름 위험을 안고 있다. 우리의 곤충과 생쥐 실험, 전 세계 과학자들의 연구들은 그런 식단이 성장과 번식을 자극하는 고대로부터 전해진 보편적 생화학 경로를 활성화한다는 것을 보여 준다. 그러나 그와 동시에 건강하게 오래 살도록 돕는 수선과 유지 경로는 늦춘다.

그런 위험이 사람에게도 닥친다는 증거가 실제로 있을까? 그렇다는 증거는 점점 늘어나고 있다. 하지만 확실히 그렇다고 말하려면 더 오랜 시간에 걸쳐 충분한 연구가 이루어져야 할 것이다. 우리는 곤충과 설치류의 생애에 걸쳐 영양을 고도로 통제하면서 실험할 수 있지만, 여러 가지 명백한 이유 때문에 사람을 대상으로는 결코 그런 실험을 할 수가 없다. 사람을 대상으로 한 단기적 식단 실험과 영양학 설문 조사 결과는 해석하기가 쉽지 않다. 결론을 놓고 서로 다른 식단을 옹호하는 이들 사이에 으레 논쟁이 벌어지곤 한다. 대개 한 가지 영양소에 초점을 맞춰 주장을 펼치는 이들인데, 지방과 탄수화물의 상대적 역할을 놓고 언쟁을 벌일 때가 많다.

그렇긴 해도 장수 경로와 성장 경로라는 측면에서 보면 우리 인류가 효모, 선충, 초파리, 생쥐, 원숭이와 분자 생물학적으로 동일한 토대 위에 있다는 사실을 부정할 수가 없다. 여기에서 한 가지 의문이 떠오른다. 우리 종이 고단백 저탄 식단에 장기적으로 노출될 때 수명이 짧아진다는 규칙의 드문 예외 사례일 확률이 얼마나 될까? 우리는 아주 낮다고 생각한다. 거의 없다고 할 만큼. 세계에서 가장 건강하게 가장 장수하는 집단들이 저단백 고탄 자연식품을 먹는 다는 점을 생각하면 더욱 그렇다.

실질적 도움이 되는 비법: 동물처럼 먹는 법

메리와 매슈는 이 책에서 제시한 중요한 메시지 중 일부를 실천으로 옮기는 데 도움을 주었다. 변형균에서 개코원숭이에 이르기까지, 메뚜기에서 동족 포식을 하는 여치, 초파리, 생쥐, 고양이, 개, 영장류에 이르기까지 다양한 생물로부터 배운 교훈이다. 이들 모두는 동일한 경이로운 진화 여행을 함께해 왔다. 우리도 마찬가지다. 한없이 맛 좋고 간편하고 값싼 음식을 갈망하는, 고대로부터 내려온 욕망을 충족시키기 위해 세계를 바꾸기에 이른 동물 말이다. 그 결과, 우리는 재앙을 일으켜 왔다. 이제는 본래 영양 상태로 돌아가 우리의 생물학과 맞서기보다 협력할 필요가 있다.

독자 자신의 식품 환경을 스스로 책임지고 식욕을 자신에게 도움이 되는 방향으로 다스리는 데 도움이 될 비법을 몇 가지 제시하면서 이 여행을 끝내기로 하자. 독자에게 어떻게 살아가라고 말하는 처방이 아니라, 우리 연구를 통해 얻은 과학적 증거를 우리가 어떻게 받아들였는지 말하려는 것이다. 건강하고 즐거운 식사를 향해 나아가는 독자의 여행을 위한 도로 지도라고 할 수 있다.

1. 세 단계에 걸쳐 당신의 단백질 목표 섭취량을 추정하자.
 1단계: 나이, 성별, 활동량을 토대로 하루 에너지(열량) 요구량을 추정한다. 여러 온라인 사이트에서 이용할 수 있는 해리스 베네딕트 방정식 계산기로 추정할 수 있다.

2단계: 다음의 값을 곱해 그 열량 중 단백질을 통해 얻는 양 (단백질 목표 섭취량)을 추정한다.

> 아동과 청소년: 0.15(단백질 함량이 15인 식단)
> 청년층(18~30세): 0.18
> 임신부와 수유부: 0.20
> 장년층(30대): 0.17
> 중년층(40~65세): 0.15
> 노년층(65세 이상): 0.20

3단계: 이 값을 4로 나누어 하루에 먹어야 할 단백질 그램 수를 계산한다. 단백질의 열량 1그램이 4칼로리이기 때문에 나눈 것이다.

2. 초가공식품을 피하자. 아예 집 안에 들여놓지 말자. 집 안에 있으면 먹게 마련이다. 손을 대지 않고는 못 배긴다. 이 식품이야말로 현재 세계적 만성 질환 위기의 주범이다. 영양소와 식욕의 상호 작용을 일그러뜨려 왔다. 그런 식품인지 어떻게 아냐고? 카를루스 몬테이루의 말을 들어 보자.

초가공식품을 알아보는 한 가지 실용적인 방법은 성분 목록에 노바 초가공식품군의 특징인 항목이 적어도 하나 들어 있는지 살펴보는 것이다. 즉 주방에서 결코 또는 거의 쓰지 않는 식품 성분(과당 함량이 높은 옥수수 시럽, 수소화 또는 에스테르화한 기름, 가수분해한 단백질 같은)이 있는지, 또는 맛을 좋게 하거나 더 혹할 만한 최종 산물을 만들기 위해 고안된 첨가제(조미료, 향미 증진제, 색소, 유화제, 유화용 염류, 감미료, 점증제, 거품을 막거나 부피를 늘리거나 탄산을 생성하거나 거품을 내거나 젤로 만들거나 반질거리게 하는 성분들)가 들어 있는지 살펴본다.

3. 목표 섭취량에 도달하고 아미노산들을 균형 있게 섭취할 수 있도록 다양한 동물(가금류, 육류, 생선, 달걀, 유제품)과 식물(씨앗, 견과, 콩)에서 얻은 고단백 식품을 택한다. 아미노산들이 균형을 이루면 단백질 식욕이 가장 효과적으로 충족될 것이다. 독자가 채식주의자라고 해도 상관없다. 다만 많은 동물성 단백질에 비해 어느 한 식물에서 얻은 단백질에는 아미노산들이 덜 균형 있게 들어 있는 경향이 있으므로, 다양한 식품을 먹도록 더 노력할 필요가 있다.

자신의 단백질 목표 섭취량에 어떻게 다다를지 감을 잡는 데 도움이 되도록, 찰스 퍼킨스 센터 동료인 영양학자 어맨다 그레치는 다음 식품 목록을 제공했다. 각 식품의 단백질 함량뿐 아니라 지방, 탄수화물, 열량, 포화 지방, 나트륨 함량도 나와 있다.

100그램당 평균 영양소 조성

주요 식품군	(n)	단백질 비율*	에너지 비율**	에너지 (kcal)	단백질 (g)	단백질 (%E)	탄수화물 (g)	식이섬유 (g)	총지방 (g)	총포화 지방산(g)	나트륨 (mg)
우유, 요구르트, 치즈, 기타 유제품	14,784	12.9	10.9	89.2	4.0	17.8	8.7	0.2	4.4	2.4	96.3
적색육, 닭고기, 해산물	12,142	40.4	18.3	194.9	16.2	33.2	8.8	0.6	10.3	3.1	515.0
달걀	2,036	4.1	2.4	185.4	12.1	26.1	3.3	0.1	13.5	4.3	433.8
콩, 견과, 씨	3,183	4.0	3.7	231.2	9.5	16.4	21.6	5.5	13.1	2.2	344.3
빵, 곡물, 케이크, 크래커, 쌀, 시리얼, 파스타/쌀/옥수수 요리	25,213	30.6	38.9	230.2	6.8	11.9	32.2	2.2	8.4	2.8	396.3
과일	9,766	1.4	4.8	56.8	0.6	4.3	13.5	1.3	0.5	0.1	4.6
채소	15,424	4.0	7.1	106.4	2.3	8.5	14.7	2.0	4.8	1.1	257.9
양념	3,182	0.1	1.5	452.0	1.0	0.9	6.9	0.1	47.0	12.1	795.8
과자와 알코올/무알코올음료	34,703	2.5	12.5	14.6	0.1	3.0	2.8	0.0	0.1	0.0	6.6
총계	120,433	100.0	100.0								

*미국 식단에서 각 식품군의 단백질 기여 비율 **미국 식단에서 각 식품군의 에너지 기여 비율
(%E) = 에너지에서 단백질이 차지하는 비율(%)
(n) = 참여자들이 해당 식품군을 언급한 횟수

271

2015~2016년 NHANES에 참여한 이들이 고른 식품군과 식품 100그램당 평균 영양소 조성*

영양소(100g당)

식품군과 선택한 식품	(n)	에너지(kcal)	단백질(g)	단백질(%E)	탄수화물(g)	식이섬유(g)	총지방(g)	포화지방산(g)	나트륨(mg)
유제품과 그 요리	14,784	89.2	4.0	17.8	8.7	0.2	4.4	2.4	96
- 생우유	4,822	51.9	3.3	25.1	4.8	0.0	2.2	1.3	45
- 딸기 우유	19	81.3	3.0	14.6	10.6	0.0	3.1	1.7	43
- 무지방 플레인 그릭 요구르트	11	59.0	10.2	69.1	3.6	0.0	0.4	0.1	36
- 지방 함유 과일 맛 요구르트	26	86.9	3.1	14.3	12.4	0.1	2.9	1.8	44
- 헤비 크림	5	340.0	2.8	3.3	2.7	0.0	36.1	23.0	26
치즈	1,580	362.2	24.0	26.5	4.1	0.0	27.7	16.3	744
- 브리치즈	11	332.3	20.8	25.0	0.4	0.0	27.7	17.4	631
- 체다치즈	465	404.8	22.9	22.6	3.1	0.0	33.3	18.9	653
가공/미국 치즈	861	297.5	15.9	21.4	8.7	0.0	22.3	12.7	1253
아이스크림	1,157	215.3	3.7	6.9	26.1	0.7	10.9	6.3	84

- 두껍게 초콜릿을 입힌 진한 초콜릿 아이스크림	4	302.8	5.6	7.4	11.9	1.1	25.8	15.9	56
육류, 닭고기, 해산물 제품과 요리	12,142	194.9	16.2	33.2	8.8	0.6	10.3	3.1	515
쇠고기	933	225.2	27.7	49.3	0.9	0.1	11.7	4.6	431
- 구운 쇠고기, 지방을 먹지 않았을 때	35	149.8	29.1	77.8	0.0	0.0	3.7	1.4	417
- 포크 찹, 지방까지 먹을 때	18	211.3	27.7	52.4	0.0	0.0	10.5	3.3	514
- 가공 육류-소시지, 핫도그, 살라미	1,984	218.7	16.2	29.6	2.4	0.0	15.8	5.4	970
닭고기	2,678	229.6	21.6	37.6	7.0	0.4	12.5	2.8	507
- 구운 닭 가슴살, 껍질 제외	63	175.6	29.6	67.5	0.0	0.0	5.5	1.0	353
- 닭다리, 튀김옷을 입혀서 튀긴 패스트푸드	32	292.8	16.2	22.2	12.9	0.4	19.6	4.6	748
생선	261	178.2	21.4	48.1	4.0	0.2	8.1	1.6	467
바거와 고기를 넣은 샌드위치	1,525	262.0	13.3	20.3	22.0	1.2	13.3	4.8	568

- 치즈 버거	57	270.3	13.5	20.0	25.5	1.9	12.9	5.8	628
- 통밀 빵에 샐러드를 곁들인 닭고기 샌드위치	3	203.5	16.2	31.8	19.6	3.0	7.0	1.3	364
달걀과 달걀 요리	**2,036**	185.4	12.1	26.1	3.3	0.1	13.5	4.3	434
흰자와 노른자를 다 먹을 때	863	184.4	13.2	28.5	0.9	0.0	13.8	4.3	442
콩, 견과, 씨 산물과 요리	**3,183**	231.2	9.5	16.4	21.6	5.5	13.1	2.2	344
- 콩처럼 생긴 각종 작은 씨와 그 요리	411	166.8	8.4	20.3	23.6	8.1	4.7	0.7	228
- 삶은 검정콩	8	133.6	8.9	26.6	24.3	10.1	0.4	0.1	348
콩과 그 요리	110	193.3	9.1	18.9	24.9	7.5	6.9	1.1	252
- 삶은 재비콩	20	115.5	9.0	31.1	20.0	7.9	0.4	0.1	196
씨	23	576.3	19.1	13.3	23.8	11.0	49.2	5.2	462
견과	744	598.3	18.8	12.6	22.0	8.2	52.9	7.1	175
땅콩버터	308	580.4	21.5	14.8	23.0	5.1	49.0	9.7	431
곡물과 곡물 제품 및 요리	**25,213**	230.2	6.8	11.9	32.2	2.2	8.4	2.8	396

통밀이나 정제한 밀로 만든 빵	1,401	270.7	11.0	16.3	47.0	5.1	4.4	0.9	472
빵, 크루아상, 베이글, 머핀, 롤	2,985	303.8	9.1	12.0	50.6	2.4	7.0	2.2	494
삶은 퀴노아	19	119.9	4.4	14.6	21.2	2.8	1.9	0.2	163
삶은 파스타	17	148.2	6.0	16.1	29.9	3.9	1.7	0.2	235
흰쌀밥	570	129.2	2.7	8.3	28.0	0.4	0.3	0.1	245.3
현미밥	110	122.4	2.7	8.9	25.4	1.6	1.0	0.3	202.2
아침 식사 대용 시리얼	2,345	374.8	7.7	8.2	80.8	6.3	4.3	1.0	436
- 프루트 룹스	122	375.8	5.3	5.6	88.0	9.3	3.4	1.8	470
- 오트밀 시리얼	2	258.9	13.1	20.3	74.2	29.3	4.9	1.1	258
피자-치즈를 넣은 패스트푸드	3	266.2	11.4	17.1	33.3	2.3	9.7	4.5	598
치즈, 고기, 사워크림을 넣은 나초	5	215.5	6.3	11.7	20.1	3.4	12.6	3.1	323
토마토소스와 해산물을 올린 통밀 파스타	4	108.0	5.7	21.0	18.8	2.8	1.7	0.2	217

곡물로 만든 간식(팝콘, 옥수수 칩 등)	2,220	497.6	7.8	6.2	62.2	5.2	24.8	5.7	714
케이크	681	367.5	3.9	4.2	51.2	1.2	17.3	5.1	341
쿠키	2,020	462.0	5.3	4.6	67.4	2.2	20.1	7.0	340
아침 식사 대용 페이스트리	528	407.2	5.3	5.2	53.0	1.8	19.6	7.6	358
과일 제품과 요리	9,766	56.8	0.6	4.3	13.5	1.3	0.5	0.1	5
신선한 과일	5,692	67.3	0.8	4.6	15.1	2.3	1.2	0.2	8
과일 주스	1,316	49.0	0.2	1.9	12.0	0.3	0.1	0.0	5
말린 과일	249	301.6	2.2	2.9	75.8	5.2	2.4	1.5	10
채소 제품과 요리	15,424	106.4	2.3	8.5	14.7	2.0	4.8	1.1	258
튀긴 감자	3,947	313.9	3.9	5.0	37.2	2.9	17.6	2.9	360
삶은 감자	9	92.6	2.5	10.8	21.1	2.2	0.1	0.0	164.5
삶은 고구마	6	94.8	2.1	8.9	21.8	3.5	0.1	0.1	182.2
생당근	454	40.4	0.9	9.2	9.6	2.8	0.2	0.0	68.7

초록 잎채소	554	31.2	2.6	33.8	4.5	2.7	1.0	0.2	141
깍지콩	10	30.8	1.8	23.8	7.0	2.7	0.2	0.1	6.3
생토마토	1,037	17.9	0.9	19.7	3.9	1.2	0.2	0.0	5
과자	**2,219**	**441.2**	**3.7**	**3.3**	**77.2**	**1.5**	**13.8**	**7.4**	**119**
청량음료	**4,129**	**33.7**	**0.0**	**0.4**	**8.4**	**0.0**	**0.1**	**0.0**	**7**
포도주/맥주/화주	**1,385**	**81.4**	**0.2**	**1.2**	**3.9**	**0.0**	**0.1**	**0.0**	**12**

*미국 농무부 표준 영양소 조성 데이터베이스의 식단 연구용 식품과 영양소 데이터베이스FNDDS

(n) = 참여자들이 해당 식품군을 언급한 횟수

(%E) = 에너지에서 단백질이 차지하는 비율(%)

국립 보건 영양 설문 조사NHANES는 미국의 성인과 아동의 건강 및 영양 상태를 조사한다. 이 설문 조사는 해마다 성인과 아동 약 5천 명을 대상으로 꾸준히 이루어지고 있다. 2015~2016년 조사 기간에는 미국 전역 30개 지역에서 무작위로 1만 5,327명을 선정해 조사했다. 그중 자신의 식단 정보를 제공한 사람은 9,971명이었다.

4. 우리 생리학은 섬유질을 지금보다 훨씬 더 많이 먹던 시절 진화했다. 그것이 바로 우리가 먹는 것을 조절할 때 식욕뿐 아니라 음식에 들어 있는 섬유질에도 의지하는 이유다. 열량을 늘리지 않으면서 섬유질을 섭취할 수 있도록 초록 잎채소, 녹말이 없는 채소, 과일, 씨, 통곡물을 많이 먹음으로써 이 식욕 제동 장치를 다시 작동시키자. 콩처럼 생긴 작은 열매, 씨, 콩류(흰강낭콩, 덩굴강낭콩, 병아리콩, 동부, 제비콩 등)도 섬유질, 단백질, 건강한 탄수화물을 추가한다. 덤으로 비타민과 무기질도 섭취하게 되므로, 영양제를 먹을 필요성이 줄어든다.

5. 열량을 따지는 데 집착하지 말자. 식단을 올바로 구성하면, 단백질 식욕이 알아서 열량을 관리해 줄 테니까. 고단백 식품과 함께 좋은 탄수화물과 지방이 들어 있는 채소와 과일, 콩, 통곡물을 많이 섭취하자. 그러면 세 가지 다량 영양소의 식욕을 동시에 충족시킬 수 있을 것이다.

6. 식품에 설탕과 소금을 덜 넣고, 지방을 첨가할 때는 엑스트라버진 올리브유처럼 건강한 지방을 택하자.

7. 이 모든 일은 오로지 단백질 목표 섭취량과 필요한 총에너지의 추정값을 맞추기 위해 하는 것이다. 즉 출발점에 불과하다. 자신의 식욕을 잡았다는 느낌이 들 때까지 늘리거나 줄여서 조정하자. 식사할 때가 되면 허기가 느껴지고 먹는 동안

과 먹은 뒤 식욕이 충족되는지 따져 보는 것이다.

8. 자신의 식욕에 귀를 기울이자. 스스로 이렇게 물어보자. 〈지금 짭짤하고 감칠맛 나는 음식이 몹시 먹고 싶은 걸까?〉 그렇다면 당신의 몸은 단백질이 필요하다고 당신에게 말하고 있는 것이다. 그럴 때 당신은 초가공된 짭짤한 간식 같은 단백질처럼 흉내 내는 미끼의 유혹에 빠지기 쉽다. 유혹에 넘어가지 말자. 대신 질 좋은 단백질 식품을 찾자.

9. 지나치면 아니함만 못하다. 자신이 원한다고 느끼는 양보다 단백질을 더 많이 먹지 않도록 하자. 물론 단백질 식욕이 알아서 제대로 일할 것이다. 단백질을 너무 많이 먹는 것은 안 좋다. 우리 식욕은 계산기보다 더 잘 알아서 맞춘다.

10. 과학은 운동을 해서 근육량을 늘리고자 한다면 단백질이 20~30그램 들어 있는 식사를 하는 편이 새 근육 단백질을 만드는 세포 기구를 가장 잘 활성화할 수 있다고 말한다. 그것이 바로 근육 합성을 촉발하는 최적의 단백질 용량이다. 단백질 합성에 관여하는 기구는 8장에서 논의한 바 있는 성장 경로다. 그런데 이 합성 과정에서 필연적으로 세포 내에서 이런저런 쓰레기가 부산물로 생기며, 그것들은 세포와 DNA에 손상을 일으킨다. 단백질이 20~30그램 들어 있는 식사를 하면 약 2시간 동안 단백질 합성이 이루어질 것이다. 그러면 단백질 합성의

부작용이 하루 중 그 시간에만 국한되어 일어날 것이다.

11. 세포와 DNA의 수선과 유지를 돕기 위해, 밤에는 아무것도 먹지 말고 간식은 각 식사 시간 사이에만 먹도록 하자. 예를 들어, 오후 약 8시부터 다음 날 아침 식사를 하기 전까지는 아무것도 먹지 말자. 이렇게 매일 규칙적으로 단식하면 장수 경로를 활성화하는 데 도움을 줄 것이고(8장 참조), 저녁 식사 후 열량을 추가로 섭취할 위험도 줄어들며 수면에도 도움이 된다.

일정 시기마다 열량 섭취를 제한하는 방식의 살 빼기 프로그램이 많지만(5:2 패스트 다이어트6는 유명한 편에 속한다), 과학은 열량 총섭취량을 줄이지 않고서도, 그저 하루 중 먹는 시간만 제한하는 것으로도 건강 혜택을 볼 수 있음을 보여 준다(〈간헐적 단식〉 또는 〈시간 제한 단식〉이라고 한다). 이런 혜택은 음식을 먹지 않는 몇 시간 동안 손상을 일으키는 성장 경로가 꺼지고, 건강과 장수에 기여하는 세포와 DNA의 수선과 유지 과정이 활성을 띠기 때문에 나타난다.

우리는 잠을 자는 동안에는 먹을 수 없다. 이는 밤 시간이 낮에 쌓인 세포 쓰레기를 청소하고 DNA와 조직에 일어난 손상을 수선할 기회를 제공한다는 의미다. 이 말은 우리 몸의 모든 세포에 들어맞지만, 뇌세포는 더욱더 그렇다. 그러니 간헐적 단식과 좋은 수면이 신체 건강뿐 아니라 정신 건강도 개선한다

6 간헐적 단식 프로그램인 5:2 다이어트는 일주일에 5일은 정상적으로 먹고 2일은 칼로리 섭취를 6백 칼로리 이하로 제한하는 것이다.

고 해서 놀랄 이유는 전혀 없다.

12. 잠을 잘 자자. 수면은 식사, 운동과 더불어 건강과 안녕의 세 번째 기둥이다. 수면과 영양은 몸의 하루 주기 리듬을 통해 연결되어 있다.

우리 생물학은 주시계master clock의 지배를 받는다. 이 시계는 뇌에 있으며, 24시간 주기를 이루고 수면과 각성, 체온, 공복감, 혈압, 인슐린 민감성 등 많은 것의 하루 리듬을 제어한다. 주시계는 멜라토닌이라는 호르몬을 사용해 몸의 각 신체기관에 들어 있는 각각의 시계들을 동조시킨다. 사실 모든 세포는 나름의 하루 주기 시계를 지닌다. 이 시계는 DNA 복제와 인슐린 신호 전달 같은 기본적인 세포 내 과정들과 긴밀하게 얽혀 있다. 세포와 기관의 이런 시계들이 제대로 동조를 이루지 못하면, 불편한 느낌을 받게 된다. 비행 시차를 겪어 본 사람이라면 어떤 느낌인지 잘 알 것이다. 또 장기간 야간 근무조로 일하는 사람은 비만, 당뇨병, 심혈관 질환, 암에 걸릴 위험이 더 높다.

그런데 주시계는 디지털 손목시계만큼 정확하지 않다. 좀 느리게 가기 때문에, 매일 환경에 있는 믿을 만한 신호를 사용해 다시 맞출 필요가 있다. 시계를 맞추는 데 쓰는 주된 신호는 햇빛이지만, 먹는 시간도 중요하다. 생체 시계가 잠을 잘 거라고 예상하는 시간에 환한 빛을 쬐거나 무언가를 먹는다면, 생체 시계가 혼란에 빠지고 결국 건강도 나빠질 것이다.

13. 몸을 활발하게 움직이고 — 가능하면 실외에서 — 사람들과 어울리자. 신체 활동과 사회적 상호 작용은 분명히 건강 및 장수와 밀접한 관련이 있다.

14. 좋아하는 음식을 요리하는 법을 배우자. 그리고 자녀에게도 가르치자. 이 가르침은 자녀에게 줄 수 있는 가장 큰 선물에 속한다.

15. 좋아하는 음식을 먹자(초가공식품 섭취를 최소한으로 줄이면서). 영양학적으로 균형 잡힌 식사를 하는 방법은 무수히 많다. 어떤 의학적 이유가 없는 한, 어느 식품군(곡물이든 유제품이나 다른 무엇이든 간에)을 굳이 끊거나, 좋아하지 않는 음식을 먹거나 자기 사회의 식품 문화에 맞지 않는 음식을 먹을 필요는 전혀 없다. 세계의 전통적이거나 새로 출현하는 식품 문화는 지역, 역사, 종교와 깊이 연결되어 있고, 아플 때나 건강할 때나 요람에서 무덤까지 사람들이 간직하는 것이다. 오늘날 그 문화와 맞서고 있는 다양한 영양 철학들 — 채식에서 케토에 이르기까지 — 은 특정한 상황에서는 건강한 식사를 제공할 수 있지만, 대다수 사람은 그런 식단을 지속할 수 없다. 게다가 그런 식단은 경제적 이해관계, 분노, 맹신 같은 것들과 깊이 연관되어 왔다.

우리 이야기는 여기까지다. 건강한 섭식에 관해 동물들이 우리에게 들려준 이야기를 독자 여러분께 다 했다. 한 가지만 빼고. 지금까지 한 이야기와 목록의 배후에 놓인 수많은 숫자, 공식, 과학적 사실까지 전달하기에는 지면이 부족했다. 아무튼 지금까지 한 이야기들은 건강한 생활 습관이 무엇인지 알려 줄 중요한 안내서가 될 수 있으며, 안내서로 삼아 마땅하다. 그러나 안내서를 건강한 생활 습관 자체와 혼동하지 말자. 그보다는 이 책에서 얻은 지식과 깨달음을 여행에 쓸 지도로 삼자. 어디로 갈지 살펴보고 때로 길을 잃으면 들춰 볼 안내서로 말이다.

그러면 머지않아 즐겁게 건강한 식사를 하는 일이 그저 자동으로 이루어질 것이다. 건강한 식품 환경 쪽으로 방향을 틀고 (그리고 건강하지 못한 환경에서 멀어지고) 자신의 식욕에 귀를 기울이는 정도의 노력만 하면 된다. 어떤 운동을 하거나 악기를 연주하는 법, 차를 운전하는 법을 배우는 것과 비슷하다. 처음에는 규칙을 떠올리고, 연습을 반복하고, 나쁜 습관을 바로잡으면서 정신을 집중해야 한다. 그런 시기가 지나면, 제2의 천성이 된다.

아니, 아마도 건강한 식단은 우리의 첫 번째 천성이라고 여겨야 할 듯하다. 변형균에서 개코원숭이에 이르는 다양한 생물이 숫자, 공식, 운동, 음악, 자동차가 발명되기 전에 기나긴 세월 동안 계속해서 그렇게 해왔으니까 말이다.

영양소의 이모저모

단백질

단백질은 구성단위인 아미노산들이 사슬처럼 연결되어 만들어진 분자이며, 동식물 세포의 구조와 기능은 단백질에서 나온다.

다른 다량 영양소처럼 단백질도 주로 탄소, 수소, 산소로 이루어져 있지만, 질소 원자도 필수적으로 들어 있다.

단백질이 풍부한 식품으로는 육류, 가금류, 해산물, 유제품, 달걀, 콩, 견과 등이 있다. 곡물과 채소에는 단백질이 더 적게 들어 있다.

아미노산

아미노산은 20가지 유형이 있다. 알라닌, 아르지닌(아르기닌), 아스파라진(아스파라긴), 아스파트산(아스파르트산), 시스테인, 글루타민, 글루탐산, 글라이신(글리신), 히스티딘, 아이소류신(이소류신), 류신, 라이신, 메싸이오닌(메티오닌), 페닐알라닌, 프롤린, 세린, 트레오닌, 트립토판, 타이로신(티로신), 발린이다.

류신, 아이소류신, 발린은 곁가지가 달려 있으며, 강력한 근육 성장 자극제로서 동물성 단백질(육류와 유제품)과 콩 같은 몇몇 식물성 단백질에 가장 많이 들어 있다.

단백질은 저마다 아미노산 조성이 다르다. 한 단백질의 아미노산 서열은 유전자가 정하며, 유전자는 단백질을 만드는 청사진이다.

아미노산들이 균형을 이룬 식단을 구성하려면, 단백질이 풍부한 다양한 음식을 골고루 먹어야 한다.

펩티드

펩티드는 단백질보다 짧은 아미노산 사슬을 가리킨다. 대개 2~50개의 아미노산이 연결된 것을 가리킨다.

우리가 먹은 단백질은 소화될 때 작은 펩티드(아미노산 2~3개짜리)와 아미노산으로 분해되어 창자벽 안쪽으로 흡수된다. 우리 몸은 아미노산을 이어 붙여 펩티드를 만드는데, 펩티드는 매우 중요한 호르몬 중 하나다.

탄수화물

탄수화물은 당, 녹말, 섬유질이며 꿀, 과일, 채소, 곡물, 콩, 우유 같은 식품에 들어 있다. 또 간과 근육에도 글리코겐(아래 참조) 형태로 낮은 농도가 들어 있다

탄수화물에는 탄소, 수소, 산소 원자가 1:2:1의 비를 이루고 있다.

자연에 있는 탄수화물은 대부분 공기와 햇빛으로부터 만들어진다. 식물과 조류가 광합성이라는 과정을 통해 대기의 이산화탄소(CO_2)와 물(H_2O)을 이용해 만든다. 그 과정에서 부산물로 생겨난 산소(O_2)가 대기로 방출된다.

당

당은 작은 탄수화물 분자다. 녹말과 섬유질 같은 더 큰 탄수화물 분자의 구성단위다. 가장 기본 구성단위는 단당류로, 포도당, 과당(과일의 당), 갈락토스(우유)가 있다.

포도당은 식물과 조류의 광합성에서 생기는 1차 산물이다. 모든 생물의 생명 활동에 쓰이는 주된 연료이며, 우리 몸속을 순환하는 혈당이기도 하다.

포도당 한 분자는 과당 한 분자와 결합해 자당(수크로스)을 형성한다. 자당은 이당류에 속한다. 설탕이 바로 자당이다. 자당은 식물의 줄기 속을 돌아다닌다. 특히 사탕수수에 많다.

고과당 옥수수 시럽(액상 과당)은 가공식품과 음료에 자당 대용품으로 쓰인다. 과당과 포도당의 혼합물로, 공장에서 옥수수 녹말을 분해해 대량 생산한다.

포도당 한 분자가 갈락토스 한 분자와 결합하면 젖당이 된다. 우유에 들어 있는 이 당이 없다면, 우리는 지금 아무도 살아 있지 못할 것이다.

녹말

녹말은 식물이 작은 당, 주로 포도당을 이어 붙여 긴 사슬로 만든 복잡한 탄수화물(다당류)의 저장 형태다. 녹말은 덩이뿌리, 줄기, 씨앗에 저장되어 나중에 식물의 발아와 생장에 필요한 에너지를 제공한다.

녹말은 빵, 파스타, 감자, 고구마에 들어 있다.

저항성 녹말은 창자 미생물의 도움을 받지 않으면 소화하기가 어렵다. 미생물은 이런 녹말을 발효시켜 짧은 사슬 지방산을 만든다. 저항성 녹말은 초록 바나나, 콩, 제비콩 같은 식품에 들어 있으며 감자, 파스타, 쌀 같은 녹말이 들어 있는 식품을 요리한 뒤 식힐 때 형성된다. 창자의 건강에 아주 중요한 역할을 한다.

섬유질

섬유질도 식물이 만드는 복잡한 탄수화물로, 단순한 당들이 결합된 형태다. 하지만 녹말과 달리, 소화 때 분해가 잘 안 된다.

섬유질은 건강한 식단의 필수 성분이며, 주로 채소, 과일, 곡물, 콩, 견과, 씨앗에 들어 있다.

수용성 섬유질은 과일, 채소, 귀리, 호밀, 콩에 들어 있는 끈적거리는 물질이다. 음식물이 창자를 지나가는 속도를 늦춤으로써 포만감을 느끼도록 돕는다. 또 나쁜 콜레스테롤을 줄이고 혈당 조절을 돕는다.

불용성 섬유질은 물을 흡수해 부푸는 질긴 물질로, 포만감을 일으키고 대변을 부드럽게 만든다. 통곡물로 만든 빵과 시리얼, 견과, 씨앗, 밀기울, 과일의 껍질과 과육, 채소에 많이 들어 있다.

지구에서 가장 풍부한 탄수화물 섬유질은 셀룰로스다. 식물은 포도당을 이용해 셀룰로스를 만들어, 세포를 감싸는 단단한 벽을 만드는 데 쓴다. 우리(동물) 세포는 유연한 막으로 감싸인 흐느적거리는 주머니다. 하지만 식물은 곧추서 있고 자연력을 버텨야 하므로 더 구조적으로 지지할 필요가 있으며, 세포를 셀룰로스 껍데기로 감싸고, 주된 구조 부위인 줄기를 섬유와 목질로 보강한다.

셀룰로스는 동물이 분해하기 가장 어려운 탄수화물에 속하며, 사람은 소화할 수 없다. 그러나 음식물의 부피를 늘림으로써 열량 섭취를 줄이는 데 도움을 준다. 종이와 직물을 만드는 데도 쓰인다.

글리코겐

글리코겐은 포도당으로 이루어져 있으며, 동물의 몸이 탄수화물을 저장하는 형태다. 우리 몸은 글리코겐을 약 1킬로그램만 저장하는데, 주로 간에 저장되며 근육에도 일부 저장된다. 이 글리코겐을 다 쓰면, 저장된 지방을 분해해 에너지를 얻어야 한다. 마라톤 선수는 이렇게 연료가 전환되는 때가 언제인지 안다. 이 전환 시점이 되면 〈한계에 부딪힌다〉고 느낀다.

지질(지방, 기름, 스테롤)

지질은 주로 탄소와 수소 원자로 이루어져 있고, 물에 녹지 않는다.

지방은 상온에서 고체인 반면(버터, 돼지기름, 코코넛오일), 식물성 기름과 생선 기름은 액체다.

우리 식단의 지방과 기름은 주로 지방산 분자 세 개에 글리세롤 분자 한 개가 결합한 형태다. 유제품, 육류, 해산물, 식물성 기름, 견과, 아보카도, 올리브 등 많은 식품에 들어 있다.

지방과 기름은 동식물의 효율적인 에너지 저장소 역할을 한다. 이는 무게당 탄수화물보다 두 배 더 많은 에너지를 저장하기 때문이다. 따라서 먹었을 때 그램당 칼로리를 두 배 더 전달한다는 의미다.

지방산

지방산 분자는 탄소 원자들이 죽 이어진 꼬리를 지닌다. 이 꼬리 길이에 따라 짧은 사슬, 중간 사슬, 긴 사슬, 매우 긴 사슬 지방산으로 분류한다.

짧은 사슬 지방산은 식초의 아세트산염과 세균 발효로 생산되는 쓴맛이 나는 다양한 화합물을 포함한다. 미생물이 창자에서 복잡한 탄수화물을 발효시킬 때, 김치와 사우어크라우트 같은 발효 식품을 생산할 때 생성된다.

지방산의 꼬리에 있는 모든 탄소 원자가 단일 결합으로 연결되어 있을 때, 포화 지방산이라고 한다.

꼬리에 있는 어떤 탄소 원자들이 이중 결합으로 연결되어 있으면 불포화 지방산이라고 한다.

사슬에 이중 결합이 한 개만 있으면 단일 불포화 지방산이라 하고, 두 개 이상이면 고도 불포화 지방산이라고 한다. 고도 불포화 지방산의 이중 결합이 꼬리의 끝에서 세 번째에 있으면 오메가-3 지방산이라 하고, 끝에서 여섯 번째에 있으면 오메가-6 지방산이라고 한다.

건강에 좋은 오메가-6 대 오메가-3 지방산의 최적비는 1:1~4:1이다. 하지만 현대 서구 식단에서는 이 비를 찾아보기가 거의 어려우며, 대개는 16:1이 나온다. 이 비의 균형을 조정하려면 오메가-3 식품을 더 먹어야 한다.

기름진 생선(연어, 청어, 고등어)은 가장 널리 이용할 수 있는 오메가-3 지방산 공급원이며, 호두와 아마씨도 좋은 공급원이다.

단일 불포화, 고도 불포화, 포화 지방과 기름

단일 불포화 지방산의 농도가 높은 지방(올리브유 같은)은 가장 건강한 지방에 속한다.

고도 불포화 지방산은 옥수수유, 카놀라유, 홍화씨유와 생선 기름에 고농도로 들어 있다.

포화 지방산은 유제품, 돼지기름, 많은 동물성 지방에 가장 많이 들어 있고, 코코넛오일과 팜유 같은 몇몇 식물성 기름에도 많다. 포화 동물성 지방은 불포화 지방보다 덜 건강하다고 널리 여겨지고 있다.

포화 지방산 분자는 상온에서 엉기고 뭉쳐 고체를 형성하는 경향이 있는 반면(버터, 돼지기름, 코코넛오일처럼), 불포화 지방산 분자는 엉기지 않아 액체 상태인 경향이 있다(생선 기름, 식물성 기름 대부분 등).

트랜스 지방

트랜스 지방은 불포화 기름을 화학 처리해 일부 지방 분자의 이중 결합을 끊어 포화시켜서 만드는 고형 지방이다. 실온에서 고체이므로 운반과 보관이 쉽다.

가공식품에 첨가된 트랜스 지방은 건강에 해롭다. 지금은 금지되었지만 예전에는 마가린을 만드는 데 쓰였고, 지금도 고도로 가공된 과자, 포장 음식, 패스트푸드에 쓰인다.

자연에는 트랜스 지방이 드물다. 소, 양, 염소 같은 되새김 동물의 위장에 사는 세균을 통해 자연적으로 소량 생산되고 이런 동물들에서 얻은 육류와 유제품에 조금 들어 있긴 하다.

에스테르화유

트랜스 지방처럼 이 인공 지방도 식물성 기름의 화학 구조를 바꾸어 대량 생산한다.

녹는점을 바꾸고, 유통 기한을 늘리고, 식감을 개선하기 위해 지방 분자의 지방산을 교체하거나 재배치해서 만든다.

에스테르화유가 건강에 좋은지 나쁜지는 아직 연구가 덜 되어 있으며, 가공식품의 에스테르화유 함량이 얼마인지 포장 라벨에 적는 것도 의무 사항이 아니다.

콜레스테롤

콜레스테롤은 스테롤이라는 지질의 한 종류다. 동물의 세포막과 스테로이드 호르몬, 비타민 D를 만드는 데 필요하다.

식물은 식물성 스테롤을 만든다. 콜레스테롤은 동물성 식품에만 들어 있다.

콜레스테롤은 저밀도 지질 단백질low-density lipoprotein, LDL과 고밀도 지질 단백질high-density lipoprotein, HDL이라는 두 종류의 운반 분자에 붙어 혈액을 통해 운반된다. HDL(좋은 콜레스테롤)보다 LDL(나쁜 콜레스테롤)의 비율이 높을 때 심혈관 건강에 문제가 나타난다.

식단의 수용성 식이섬유는 LDL을 줄인다고 알려져 있는데, 정확한 작동 원리는 아직 온전히 밝혀지지 않았다.

소화

음식에 들어 있는 복잡한 단백질, 지방, 탄수화물, 즉 이른바 다량 영양소는 먼저 더 작은 구성단위(아미노산, 지방산, 단당)로 분해되어야 한다. 그런 다음 창자에서 흡수되어 생명을 유지하는 데 쓰인다.

복잡한 탄수화물은 이윽고 단당류로 분해된다. 녹말이라면 분해 과정이 입에서부터 시작된다. 침에 든 아밀라아제라는 녹말 분해 효소가 작용해 녹말을 포도당으로 분해한다.

자당과 젖당 같은 이당류는 작은창자에서 효소의 작용으로 단당류로 분해된다. 단당류는 혈액으로 흡수된다. 자당은 포도당과 과당으로 분해된다.

우리가 먹는 과당 중 상당수가 창자에서 포도당으로 전환되고, 나머지는 혈액으로 들어와 간에서 처리된다. 과당 섭취량이 많으면 간에 지방이 쌓일 수 있다.

젖당을 포도당과 갈락토스로 분해하는 효소가 없는 사람은 〈젖당 불내성〉이다. 원래 사람은 젖을 뗄 무렵 젖당을 소화하는 능력이 사라졌지만, 약 5천 년 전 세계 몇몇 지역의 집단에서 젖을 뗀 뒤에도 계속 우유를 마시고 젖당을 소화하는 능력을 지닌 이들이 진화했다. 그럼으로써 젖을 내는 동물을 길들여 얻는 영양의 이점을 온전히 활용할 수 있게 되었다.

음식의 탄수화물은 소화가 얼마나 어려우냐에 따라, 작은창자에 들어가서 큰창자로 가는 사이 상당량이 완전히 분해되어 혈액으로 흡수될 수도 있다.

더 복잡한 탄수화물과 소화가 더 잘 안 되는 형태의 식이섬유는 큰창자까지 들어간다. 거기에 사는 미생물군은 그런 물질을 분해하며, 그 과정에서 에너지, 짧은 지방산, 비타민 — 그리고 기체 — 이 생긴다.

단백질의 소화는 위에서 위산과 펩신의 작용으로 시작되어 음식물이 창자가 시작되는 지점(십이지장)으로 들어갈 때까지 계속된다. 창자의 단백질 소화 효소는 췌장에서 분비된다. 분해된 단일 아미노산과 아주 작은 펩티드(아미노산 두세 개가 연결된)는 작은창자의 세포 안으로 흡수되었다가 혈액으로 들어간다.

췌장은 지방을 소화하는 효소도 작은창자로 분비하며, 지방은 담즙을 통해 유화가 이루어진다. 담즙은 간에서 생산되어 쓸개에 저장되어 있다가 작은창자로 분비된다. 분해되어 나온 지방산과 지방 구성 성분들은 작은창자의 세포로 흡수되었다가 혈액으로 들어간다.

필수 영양소

건강과 행복에 가장 좋은 식단에는 약 1백 가지 영양소가 들어 있어야 한다. 영양학자들은 그중 약 40가지를 〈필수〉 영양소라고 분류한다. 우리 몸에서 만들어지지 않기에, 생존하려면 음식을 통해 얻어야 한다는 뜻이다.

여기에는 아미노산 9가지(페닐알라닌, 발린, 트레오닌, 트립토판, 메싸이오닌, 류신, 아이소류신, 라이신, 히스티딘), 지방산 2가지(알파리놀렌산과 리놀렌산), 비타민 13가지[A, C, D, E, K, 티아민(B_1), 리보플라빈(B_2), 니아신(B_3), 판토텐산(B_5), B_6, 바이오틴(B_7), 엽산(B_9), B_{12}], 무기질 15가지(인, 염소, 나트륨, 칼슘, 인, 마그네슘, 철, 아연, 망간, 구리, 요오드, 크롬, 몰리브덴, 셀레늄, 코발트)다.

식물성 화학 물질

식물성 화학 물질은 식물이 천적, 즉 초식 동물과 병원체로부터 자신을 지키기 위해 만드는 화학 물질이다. 사람에게 치명적인 것도 있고, 쓴맛을 내는 것도 있으며, 건강에 도움을 주는 것도 있다.

인류(그리고 다른 동물들)는 수천 년 전부터 식물성 화학 물질을 독, 마약, 전통 약재로 써왔다. 농경이 시작된 이래로, 우리는 그런 물질이 들어 있는 식물을 주요 작물로 재배해 왔다.

안토시아닌은 건강한 식물성 화학 물질 중 하나다. 빨간색, 파란색, 자주색을 띤 과일과 채소에 들어 있다. 양파, 블루열매, 파슬리, 녹차, 감귤, 바나나, 적포도주, 다크초콜릿에 들어 있는 플라보노이드도 마찬가지다. 카로티노이드는 노란색과 주황색 채소에 많이 들어 있고, 살리신은 버드나무 껍질에 들어 있으며 아스피린의 주성분이다.

일부 식물성 화학 물질은 항산화와 항염증 성분이 들어 있어 식품 보조제로 광고되면서 널리 판매되고 있다. 그러나 이런 보조제가 실제로 효과 있다는 증거는 기껏해야 제한적이다. 과일과 채소를 먹어 식물성 화학 물질을 섭취하는 편이 훨씬 낫다.

감사의 말

먼저 지난 30년 동안 우리와 영양 생물학 연구를 함께한 많은 동료와 학생에게 감사의 인사를 전하고 싶다. 이 책에는 몇 명만 소개되었지만, 그 외에도 우정과 도움을 준 많은 분께 진심으로 감사드린다.

또 원고를 읽고 평을 해준 마거릿 올먼 파리넬리, 리사 베로, 제니 브랜드 밀러, 코린 카요, 스티븐 코빗, 애니카 펠턴, 올리비에 갤리, 데이비드 메인츠, 카를루스 몬테이루, 매리언 네슬, 로버트 로머, 제시카 로스먼, 레슬리 심프슨, 미셸 스완, 렌더프 타첸, 재클린 토닌, 에린 보겔께도 감사드린다. 식이 요법 분야에서 도움을 준 어맨다 그레치, 폴 종고, 호시에 히베이루, 사진을 구하는 데 도움을 준 앨러스테어 시니어, 서맨사 솔론비엣께도 고마움을 전한다.

우리 저작권 대리인 캐서린 드레이턴, 편집자의 예리한 눈으로 원고를 다듬은 빌 토넬리, 호턴 미플린 하코트의 데브 브로디와 직원들, 하퍼콜린스의 마일스 아치볼드와 직원들, 하퍼콜

297

린스 오스트레일리아 지사 직원들께도 감사드린다. 정말로 행복한 시간이었다.

마지막으로, 늘 사랑과 지원과 인내를 보여 준 재클린과 레슬리를 비롯한 가족에게도 고맙다는 말을 전한다.

옮긴이의 말

나도 배가 꽤 나온 편이다. 오래 묵은 뱃살이라서 빼기가 쉽지 않다. 어설프게 작심삼일이나 다름없는 시도를 했다가 오히려 더 살이 찌는 후유증을 겪곤 했기에, 지금은 한 해 대부분의 시간에는 차라리 속 편하게 지내자는 쪽이긴 하다. 그러나 해가 갈수록 체중이 조금씩 늘고 있고 우려도 그만큼 늘어서, 종종 헛된 시도를 하기도 한다. 살 빼는 쪽에 진지한 이들이 보기에는 가소롭게 여겨질 수준이라서 굳이 언급할 수준조차 안 되지만, 머릿속에 쌓이는 올바른 과학 지식과 실천 사이의 간격이 해마다 벌어지는 것을 보고 있자면 한숨이 절로 나오긴 한다.

이 책은 그런 어설픈 시도를 한 번 더 부추기는 단순한 다이어트 자극제가 아니다. 저자들은 곤충을 연구하는 생물학자다. 곤충을 연구하는 생물학자들이 왜 사람의 영양 문제를 다룬 책을 썼을까? 저자들은 독자가 으레 떠올릴 그 질문에 답하면서, 자신들이 수십 년에 걸쳐서 걸어온 길을 흥미진진하게 이야기한다.

당연히 곤충 연구자가 뭘 안다고 사람의 영양 문제를 말하느냐고 푸대접받은 일화부터 시작해서, 이윽고 곤충과 사람이 가장 근본적인 수준에서 보면 동일한 영양학적 원리에 따른다는 견해가 받아들여지기까지의 과정도 별일 아니었다는 양 소탈하게 들려준다. 덤으로 눈에 잘 보이지도 않는 초파리부터 메뚜기, 바퀴벌레, 생쥐에 이르기까지 작은 동물들의 먹이를 영양소를 다양하게 조합하여 수십 가지씩 만들고, 먹는 모습을 지켜보고, 배설물을 하나하나 꺼내서 무게를 재고, 영양소 분석도 하는 등의 실험이 얼마나 지겹고 고역스러운지도 실감 나게 이야기한다. 그러면서 자신들이 밝혀낸 연구 결과가 어떻게 사람의 영양 문제로 이어지는지를 설득력 있게 제시한다.

즉 저자들은 어떤 다이어트가 최선인지를 이야기하고자 이 책을 쓴 것이 아니다. 모든 동물은 균형 잡힌 영양 상태를 추구하려는 근본적인 욕구가 있으며, 알게 모르게 그 욕구를 추구하며, 우리 인간도 동물이기에 그 원리에서 절대 벗어나지 않는다는 것을 이야기하고자 한다. 자신들이 어떤 연구 경로를 거쳐서 그런 이해에 이르렀는지를 흥미롭게 사례를 들어 설명하면서 말이다.

사막메뚜기가 수억 마리씩 떼 지어 날면서 땅에 있는 모든 것을 먹어 치우는 이유부터, 아무거나 닥치는 대로 먹어 댄다고 널리 알려진 바퀴벌레가 영양학적으로 보면 매우 균형 잡힌 식사를 한다는 것까지. 단백질, 탄수화물, 지방이라는 3대 영양소 중에서 어느 것이 기준점이냐를 밝혀낸 연구부터, 현재 우리가 살아가는 환경이 인류 조상들이 살던 환경과 얼마나 달라졌는지, 현대 식품 산업이 인류가 근본적으로 지닌 영양학적 욕구를 얼마나 교묘하게 이용하는지까지. 읽다 보면 우리가 영양을 대하는 관점이 얼마나 피상적이었는지를 저절로 깨닫게 된다. 현대인의 비만과 영양 불균형이 단지 식습관 차원의 문제가 아니라, 지구 생명의 진화와 환경이라는 더 깊은 근원에서 나오는 문제임을 이해하게 된다.

찾아보기

지은이 소개

데이비드 로벤하이머 David Raubenheimer
영양 생태학의 선두적인 전문가이자 시드니 대학교 찰스 퍼킨스 센터의 영양 생태학 교수인 데이비드 로벤하이머는 동물 환경의 영양과 관련된 측면들이 우리 건강에 어떤 영향을 주는지, 생물학과 어떻게 상호 작용하는지 연구하고 있다. 곤충, 물고기, 새 그리고 다양한 포유류에 대한 그의 연구는 비만의 식이 요인과 같은 인간의 영양 관련 문제에 대한 새로운 접근법을 개발하는 데 도움을 주었다. 로벤하이머는 〈건강식의 간단한 규칙은 가공 식품을 피하는 것으로 진짜 음식을 더 접하는 것〉이라며 살을 빼는 최고의 방법은 단백질 위주의 식단이라는 연구 결과를 발표했다.

스티븐 J. 심프슨 Stephen J. Simpson
시드니 대학교 찰스 퍼킨스 센터의 학술부장이자 생명 환경 과학 교수로 비만 관련 다양한 연구들을 이끌고 있다. 찰스 퍼킨스 센터는 주로 심혈관 질환, 당뇨병, 비만 및 기타 관련 질환에 중점을 둔 오스트레일리아의 대표 의학 연구 기관이자 교육 기관이다. 심프슨은 동료인 데이비드 로벤하이머와 함께 오랫동안 메뚜기 떼에 관한 과학 연구를 진행했다. 두 사람은 메뚜기의 섭식 연구를 통해 동물이 왜, 어떻게 먹는지 이해할 새로운 방법, 즉 영양 기하학을 창안해 식욕의 비밀을 파헤쳤다. 2022년 3월 심프슨은 그간의 연구 업적으로 오스트레일리아 과학 아카데미로부터 맥팔레인 버넷상을 받았다.

옮긴이 **이한음** 서울대학교에서 생물학을 공부했고, 전문적인 과학 지식과 인문적 사유가 조화를 이룬 번역으로 우리나라를 대표하는 과학 전문 번역가로 인정받고 있다. 케빈 켈리, 리처드 도킨스, 에드워드 윌슨, 리처드 포티, 제임스 왓슨 등 저명한 과학자의 대표작이 그의 손을 거쳤다. 과학의 현재적 흐름을 발 빠르게 전달하기 위해 과학 전문 저술가로도 활동하고 있다. 옮긴 책으로는 『다윈의 진화 실험실』, 『인간 본성에 대하여』, 『DNA: 생명의 비밀』, 『매머드 사이언스』, 『창의성의 기원』, 『생명이란 무엇인가』, 『제2의 기계 시대』, 『우리는 왜 잠을 자야 할까』, 『늦깎이 천재들의 비밀』, 『수술의 탄생』 등이 있다.

식욕의 비밀 동물에 관한 가장 궁금한 수수께끼 중 하나

지은이 데이비드 로벤하이머 · 스티븐 J. 심프슨 **옮긴이** 이한음 **발행인** 홍예빈 · 홍유진
발행처 사람의집(열린책들) **주소** 경기도 파주시 문발로 253 파주출판도시
대표전화 031-955-4000 **팩스** 031-955-4004
홈페이지 www.openbooks.co.kr **email** webmaster@openbooks.co.kr
Copyright (C) 주식회사 열린책들, 2022, *Printed in Korea.*
ISBN 978-89-329-2255-3 03490 **발행일** 2022년 6월 15일 초판 1쇄